A FORMAÇÃO MATEMÁTICA DO PROFESSOR

LICENCIATURA E PRÁTICA DOCENTE ESCOLAR

COLEÇÃO TENDÊNCIAS EM EDUCAÇÃO MATEMÁTICA

A FORMAÇÃO MATEMÁTICA DO PROFESSOR

LICENCIATURA E PRÁTICA DOCENTE ESCOLAR

Plínio Cavalcanti Moreira
Maria Manuela M. S. David

3ª edição
1ª reimpressão

autêntica

COORDENADOR DA COLEÇÃO TENDÊNCIAS EM EDUCAÇÃO MATEMÁTICA
Marcelo de Carvalho Borba
(Pós-Graduação em Educação Matemática/Unesp, Brasil)
gpimem@rc.unesp.br

EDITORAS RESPONSÁVEIS
Rejane Dias
Cecília Martins

REVISÃO
Dila Bragança de Mendonça

CAPA
Diogo Droschi

DIAGRAMAÇÃO
Guilherme Fagundes

Dados Internacionais de Catalogação na Publicação (CIP)
(Câmara Brasileira do Livro, SP, Brasil)

Moreira, Plínio Cavalcanti
A formação matemática do professor : licenciatura e prática docente escolar / Plínio Cavalcanti Moreira, Maria Manuela M. S. David. -- 3. ed.; 1. reimp. -- Belo Horizonte : Autêntica, 2025. -- (Coleção Tendências em Educação Matemática)

ISBN 978-65-5928-099-5

1. Matemática - Estudo e ensino 2. Prática de ensino 3. Professores de matemática - Formação profissional I. David, Maria Manuela M. S. II. Título. III. Série.

21-70702 CDD-370.71

Índices para catálogo sistemático:
1. Professores de matemática : Formação profissional : Educação 370.71
Cibele Maria Dias - Bibliotecária - CRB-8/9427

Belo Horizonte
Rua Carlos Turner, 420
Silveira . 31140-520
Belo Horizonte . MG
Tel.: (55 31) 3465 4500

São Paulo
Av. Paulista, 2.073 . Conjunto Nacional
Horsa I . Salas 404-406 . Bela Vista
01311-940 . São Paulo . SP
Tel.: (55 11) 3034 4468

www.grupoautentica.com.br
SAC: atendimentoleitor@grupoautentica.com.br

Nota do coordenador

A produção em Educação Matemática cresceu consideravelmente nas últimas duas décadas. Foram teses, dissertações, artigos e livros publicados. Esta coleção surgiu em 2001 com a proposta de apresentar, em cada livro, uma síntese de partes desse imenso trabalho feito por pesquisadores e professores. Ao apresentar uma tendência, pensa-se em um conjunto de reflexões sobre um dado problema. Tendência não é moda, e sim resposta a um dado problema. Esta coleção está em constante desenvolvimento, da mesma forma que a sociedade em geral, e a, escola em particular, também está. São dezenas de títulos voltados para o estudante de graduação, especialização, mestrado e doutorado acadêmico e profissional, que podem ser encontrados em diversas bibliotecas.

A coleção Tendências em Educação Matemática é voltada para futuros professores e para profissionais da área que buscam, de diversas formas, refletir sobre essa modalidade denominada Educação Matemática, a qual está embasada no princípio de que todos podem produzir Matemática nas suas diferentes expressões. A coleção busca também apresentar tópicos em Matemática que tiveram desenvolvimentos substanciais nas últimas décadas e que podem se transformar em novas tendências curriculares dos ensinos fundamental, médio e superior. Esta coleção é escrita por pesquisadores em Educação Matemática e em outras áreas da Matemática, com larga experiência docente, que pretendem estreitar as interações entre a Universidade – que produz pesquisa – e os diversos cenários em que se realiza essa educação. Em alguns livros, professores da educação básica se tornaram também autores. Cada livro indica uma extensa bibliografia na qual o leitor poderá buscar um aprofundamento em certas tendências em Educação Matemática.

Neste livro os autores levantam questões fundamentais para a formação do professor de Matemática. Que Matemática deve o professor de Matemática estudar? A acadêmica ou aquela que é ensinada na escola? A partir de perguntas como essas os autores questionam essas opções dicotômicas e apontam um terceiro caminho a ser seguido. O livro apresenta diversos exemplos do modo como os conjuntos numéricos são trabalhados na escola e na academia.

*Marcelo de Carvalho Borba**

---

* Marcelo de Carvalho Borba é licenciado em Matemática pela UFRJ, mestre em Educação Matemática pela Unesp (Rio Claro, SP) doutor, nessa mesma área pela Cornell University (Estados Unidos) e livre-docente pela Unesp. Atualmente, é professor do Programa de Pós-Graduação em Educação Matemática da Unesp (PPGEM), coordenador do Grupo de Pesquisa em Informática, Outras Mídias e Educação Matemática (GPIMEM) e desenvolve pesquisas em Educação Matemática, metodologia de pesquisa qualitativa e tecnologias de informação e comunicação. Já ministrou palestras em 15 países, tendo publicado diversos artigos e participado da comissão editorial de vários periódicos no Brasil e no exterior. É editor associado do ZDM (Berlim, Alemanha) e pesquisador 1A do CNPq, além de coordenador da Área de Ensino da CAPES (2018-2022).

Sumário

Prefácio

Sempre que se fala em conhecimentos fundamentais para a formação do professor de Matemática, todos – matemáticos e educadores matemáticos – concordam que este precisa ter um domínio sólido e profundo de Matemática. Raros, entretanto, são aqueles que se aventuram a questionar, refletir e investigar o que significa um conhecimento profundo de Matemática, tendo em vista o desafio de ensiná-la às crianças e aos jovens da escola básica. Esse é o caso dos autores deste livro, que tenho a honra e a satisfação de prefaciar.

O futuro matemático e o futuro professor de Matemática da escola básica requerem uma mesma formação matemática? Que formação matemática "sólida" – ou melhor, "avançada e profunda", como preferem os autores – requer um professor do ensino básico? Essas são questões fundamentais que perpassam todo o livro. E, para tentar responder a elas, nada melhor que a parceria de dois profissionais competentes, reconhecidos pela comunidade acadêmica e científica pelo trabalho que realizam em relação tanto à formação de professores de Matemática quanto à pesquisa em Educação Matemática. Plínio Cavalcanti Moreira pertence ao Departamento de Matemática da UFMG, onde trabalha com disciplinas específicas da Matemática, tais como Análise Matemática e Fundamentos de Matemática Elementar. Maria Manuela David é docente da Faculdade de Educação da UFMG e atua em disciplinas didático-pedagógicas da licenciatura em Matemática.

Os autores, portanto, são autoridade no assunto não apenas porque possuem larga experiência como formadores de professores, mas principalmente porque são *formadores-pesquisadores* que realizam investigações visando dar suporte a uma docência comprometida e voltada para a formação de professores. Este livro, por exemplo, é resultado, de um lado, de um estudo cuidadoso e bem fundamentado teórico-metodologicamente (uma tese de doutoramento) desenvolvido por Plínio sob a orientação de Maria Manuela; de outro, prefiro afirmar que o texto produzido é fruto de uma interlocução bem urdida entre reflexões e/ou estudos dos autores sobre suas experiências docentes junto à licenciatura em Matemática na UFMG e os resultados de pesquisas nacionais e internacionais sobre a formação matemática de professores, tendo o campo numérico como delimitação de estudo.

É a partir dessa interlocução que os autores assumem como perspectiva diferencial de análise a distinção entre *Matemática Escolar* e *Matemática Acadêmica*. Essa distinção é estratégica, pois permite contrastar os interesses, os saberes e os significados atribuídos tanto pela comunidade científica em relação à Matemática quanto pelos professores e alunos no processo de ensinar e aprender Matemática na escola básica. Tal análise não busca, de forma alguma, aprofundar o fosso ainda presente entre essas duas formas de conhecimento matemático. Ao contrário, pretende estabelecer uma interlocução cultural mais criativa, dinâmica e contributiva para ambas; assim, pode superar tanto a tendência endógena das disciplinas escolares de se constituir pela/na/para a escola, mantendo certa independência das disciplinas acadêmicas, como observa André Chervel, quanto a perspectiva colonizadora do mundo acadêmico sobre o mundo da escola, a qual consiste em propor e controlar "o que" e "como" os professores devem ensinar. Os fundamentos dessa última perspectiva encontram-se no conceito de *transposição didática*, desenvolvido por Yves Chevallard ou no paradigma da *racionalidade* técnica.

Uma amostra dessa possibilidade de interlocução o leitor pode encontrar no Capítulo III deste livro. Nele, os autores tentam explorar uma Matemática Escolar concebida como um amálgama de saberes regulado por uma lógica que é específica do trabalho educativo e que fundamenta e estrutura o conjunto de saberes da profissão docente. Destaco, nesse mesmo capítulo, a variedade de exemplos e os resultados de pesquisas descritos e analisados em relação aos números reais, sobretudo a análise das dificuldades dos alunos e dos professores da escola básica em atribuir sentido e significado aos números irracionais, principalmente quando são representados pela forma decimal infinita não periódica.

Em síntese, os autores procuram, nesta obra, apresentar e desenvolver uma concepção de formação matemática do professor, tendo como referência a prática profissional efetiva dos professores na educação básica. Uma concepção que situa "o processo de formação do professor a partir do reconhecimento de uma tensão – e não identidade – entre educação matemática escolar e ensino da matemática acadêmica elementar". Nesse contexto e considerando especificamente o caso do ensino dos números, o futuro professor precisa conhecer também seus processos e significados formais não para depois transpô-los didaticamente a seus alunos da escola básica, mas para discuti-los e analisá-los criticamente, avaliando seus limites e possibilidades enquanto objetos de ensino. O professor, desse modo, qualifica-se para, com mais autonomia, explorar e problematizar as formas conceituais pedagogicamente mais significativas ao desenvolvimento do pensamento matemático do cidadão contemporâneo.

Esta obra, portanto, é leitura obrigatória a todo formador de professores de Matemática, pois, além de apresentar uma perspectiva epistemológica de prática docente nas disciplinas de Matemática do curso de licenciatura em Matemática, inaugura, também, uma nova perspectiva de pesquisa relacionada ao ensino das diferentes disciplinas matemáticas do curso de licenciatura, tendo em vista o desafio de proporcionar ao futuro professor uma *profunda e avançada* formação matemática voltada para as necessidades da educação escolar básica.

Dario Fiorentini
FE/Unicamp
Campinas, fevereiro 2005

Introdução

Quando se iniciaram as licenciaturas no Brasil, elas se constituíam de três anos de formação específica e mais um ano para a formação pedagógica. O saber considerado relevante para a formação profissional do professor era, fundamentalmente, o conhecimento disciplinar específico. O que hoje é denominado formação pedagógica se reduzia à didática e esta, por sua vez, a um conjunto de técnicas úteis para a transmissão do saber adquirido nos três anos iniciais. Por isso, costuma-se referir a esse modelo de formação do professor como "3+1" ou "bacharelado + didática".

A partir da década de 1970, no bojo de uma intensa discussão sobre o papel social e político da educação, começam a se configurar mudanças estruturais nos cursos de licenciatura. Entre as propostas e concepções em debate, destaca-se a perspectiva segundo a qual o processo de formação do professor deveria se desenvolver de maneira mais integrada, em que o conhecimento disciplinar específico não constituísse mais o fundamento único ao qual se devessem agregar métodos apropriados de "transmissão". Ao lado da preparação para a instrução numa determinada disciplina, apontava-se também a necessidade de aprofundar a formação do professor como educador. Observa-se uma modificação gradual na estruturação dos cursos, de modo que a formação pedagógica não se limita mais à apresentação de técnicas de ensino e passa a incluir disciplinas como Sociologia da Educação, Política Educacional e outras. Mas o licenciado não deixa de ser reconhecido também como o professor *de...* (Matemática, História, etc.). Reafirma-se, assim, a importância da chamada "*formação de conteúdo*", que continua sob a responsabilidade dos especialistas (isto é, matemáticos, historiadores, etc.) e envolve disciplinas planejadas e lecionadas por eles. Permanece, contudo, o problema da integração com a prática. Na busca de alternativas para a solução, criam-se na década de 1980, as chamadas disciplinas integradoras. Constitui-se, assim, um novo modelo, que se mantém essencialmente até hoje.

Algumas perguntas se colocam, no entanto, em relação a esse modelo e suas variantes mais recentes: como é entendida, conceitualmente, a integração que fica a cargo das disciplinas integradoras? Qual seria, exatamente, o papel dessas disciplinas no processo concreto de articulação da formação com a prática? Em que medida se produz uma real ruptura com o modelo "3+1" e uma efetiva superação da fórmula "bacharelado + didática"? A análise dessas questões mostra-se relevante, uma vez que o problema continua sob intenso debate. Há um reconhecimento de que a introdução das disciplinas integradoras não mostrou os resultados esperados. Diniz-Pereira, num estudo sobre as licenciaturas brasileiras, afirma que as análises continuam apontando "a necessidade de superar algumas dicotomias e desarticulações existentes nesses cursos". E destaca o "complexo problema da dicotomia teoria-prática, refletido [...] na desvinculação das disciplinas de conteúdo e pedagógicas e no distanciamento existente entre a formação acadêmica e as questões colocadas pela prática docente na escola" (Diniz-Pereira, 2000, p. 57). No caso particular da licenciatura em Matemática, a partir dos anos 1990 desenvolvem-se vários trabalhos sobre esses cursos, inclusive dissertações e teses. Entretanto, raramente são focalizadas de forma específica as relações entre os conhecimentos matemáticos veiculados no processo de formação e os conhecimentos matemáticos associados à prática docente escolar. Neste livro tratamos exatamente dessas relações através de exemplos concretos relativos aos sistemas numéricos. Dessa maneira, esperamos contribuir para uma compreensão mais profunda dessa cisão – reiteradamente apontada nos estudos sobre as licenciaturas, mas quase sempre em termos genéricos e superficiais – entre a formação do professor e a prática docente escolar.

São muitas as concepções que servem de base para a análise dos saberes profissionais docentes, mas em grande parte delas o conhecimento matemático – na acepção que neste livro denominamos *Matemática Acadêmica* ou *Matemática Científica* – é tomado como o saber fundamental, aquele a partir do qual os outros saberes associados ao exercício da profissão passam a fazer sentido. De modo geral, o saber docente é decomposto em componentes, de tal forma que um deles, o chamado *conhecimento da disciplina*, assume a condição de essencial. Os demais componentes, ainda que reconhecidos como saberes complexos e importantes, conformam um conjunto de conhecimentos de caráter basicamente acessório ao processo de transmissão do saber disciplinar. Decomposta dessa forma, a Matemática Escolar costuma se reduzir à parte elementar e simples da Matemática Acadêmica, e a complexidade do saber profissional do professor vai se localizar em conhecimentos considerados de natureza essencialmente não matemática. Dessa perspectiva, a construção de vínculos substantivos da formação com a prática é vista como uma tarefa a ser executada basicamente no exterior da formação matemática. A esta caberia fundamentalmente promover o aprofundamento do componente disciplinar do saber docente, o que normalmente significa ultrapassar a forma escolar de conhecimento matemático, apresentando ao licenciando a forma "avançada e profunda" desse conhecimento, ou seja, a Matemática Acadêmica.

Neste livro construímos uma perspectiva diferenciada de análise distinguindo a Matemática Escolar da Matemática Acadêmica. Essa distinção é importante na medida em que nos permite pensar o conhecimento matemático do professor da escola de forma global e integrada, sem nos submetermos à decomposição usual. Como comentamos, a decomposição acaba hierarquizando os componentes e faz submegir neles, como peças separadas de um quebra-cabeça, elementos importantes do saber matemático associado ao trabalho docente escolar. O resultado é que a análise das relações entre os conhecimentos da formação e as questões da prática costuma ficar presa aos outros componentes do saber docente e deixa de fora o componente *conhecimento disciplinar*. Assim, o conhecimento matemático veiculado no processo de formação fica "esquecido" como objeto de análise crítica, e a formação matemática na licenciatura fica liberada da obrigação de buscar uma articulação intrínseca com a prática docente escolar.

Foi para evitar esse tipo de circularidade e "libertar" a análise dessa espécie de rota predeterminada, que achamos conveniente trabalhar com o conceito de Matemática Escolar do modo como o apresentamos no Capítulo I. Nesse caso, a distinção entre Matemática Escolar e Matemática Acadêmica se coloca como uma estratégia básica, com consequências práticas imediatas: a formação matemática na licenciatura revela a sua face oculta (ou "esquecida") e, assim, pode ser examinada e criticada. É o que fazemos concretamente no Capítulo III, quando confrontamos a forma escolar do saber matemático sobre os sistemas numéricos com a forma científica ou acadêmica, usualmente veiculada na formação matemática em cursos de licenciatura.

Capítulo I

O escolar e o acadêmico: formas distintas de conhecimento matemático

Neste capítulo discutimos as relações entre duas faces específicas do conhecimento matemático: a *Matemática Acadêmica* e a *Matemática Escolar*. A reflexão que desenvolvemos resulta na diferenciação entre o conjunto de significados que a comunidade científica dos matemáticos identifica com o nome de Matemática e o conjunto de saberes especificamente associados à educação matemática escolar. A distinção entre essas duas formas do conhecimento matemático estabelece os fundamentos sobre os quais se desenvolvem algumas análises posteriores, especialmente no Capítulo III, quando contrastamos os saberes envolvidos nas questões que se colocam para o professor da escola básica com os conhecimentos da formação na licenciatura. A referência básica que fundamenta e amplia as ideias que apresentamos neste e nos outros capítulos do livro é a tese de doutorado de um dos autores (Moreira, 2004).

Matemática Escolar: nem Matemática Científica didatizada, nem construção autônoma da escola

Chevallard, em sua obra *La Transposicion Didáctica*, analisa o fenômeno da passagem do saber científico para o saber ensinado:

> [...] um conteúdo de saber que é designado como saber a ensinar sofre, a partir de então, um conjunto de transformações

> adaptativas que vão torná-lo apto a ocupar um lugar entre os objetos de ensino. O "trabalho" que transforma um saber a ensinar em um objeto de ensino é denominado transposição didática (Chevallard, 1991, p. 45).*

Para Chevallard, com o tempo, o saber ensinado desgasta-se – um desgaste biológico e moral. O biológico se refere ao eventual afastamento das normas do saber sábio, e o moral, a uma proximidade "perigosa" em relação ao saber "banalizado", isto é, de domínio público. Nos dois casos se evidenciaria uma incompatibilidade do sistema de ensino com a sociedade e, para restabelecer a compatibilidade, seria necessário instaurar-se uma nova "corrente de saber" proveniente do saber sábio: "um novo aporte encurta a distância em relação ao saber sábio, o dos especialistas; [...] Aí se encontra a origem do processo de transposição didática" (Ibid, p. 31).*

O fenômeno da transposição didática é inerente a qualquer processo de ensino, e essa é uma reflexão fundamental que Chevallard nos propõe. Independentemente do fato de que o saber a ser ensinado provenha ou não de um corpo científico de conhecimentos, o trabalho de ensinar requer a construção de uma percepção peculiar do objeto de ensino. Mas o problema é que, na sua noção de transposição didática, Chevallard toma a Matemática Científica como a fonte privilegiada de saber à qual o sistema escolar sempre recorre para se recompatibilizar com a sociedade. E toma, também, esse saber científico como a referência última que permitiria à comunidade dos matemáticos desautorizar o objeto de ensino que não seja considerado "suficientemente próximo ao saber sábio" (Ibid, p. 30).* Assim, a Matemática Escolar se constituiria essencialmente pela adaptação à escola dos conceitos, métodos e técnicas da Matemática Científica e, portanto, ainda que indiretamente, das suas normas e dos seus valores. Além disso, tal processo de adaptação estaria sujeito a uma "vigilância epistemológica" que não permitiria "desvios" em relação ao conhecimento matemático científico. Nesse sentido, as análises de

* Ao longo do livro, as citações marcadas com o símbolo * são traduções nossas de trechos originais em língua estrangeira.

Chevallard, embora penetrem de forma rica e profunda em certos aspectos do processo de ensino de Matemática na escola, sugerem uma concepção de Matemática Escolar excessivamente dominada pela Matemática Científica.[1]

Por outro lado, André Chervel, ao propor certas reflexões sobre a história das disciplinas escolares, tece fortes críticas à visão de que elas sejam mera vulgarização das ciências de referência para um público jovem ou seja, daqueles "conhecimentos que não se lhe podem apresentar em sua total pureza e integridade" (Chervel, 1990, p. 181). Segundo esse autor, tal concepção induz a ideia de que o papel da Pedagogia é apenas o de "lubrificante" desse processo de vulgarização. Para defender uma concepção radicalmente contrária, a de que as disciplinas escolares são

> [...] entidades sui generis, [...], independentes, numa certa medida, de toda realidade cultural exterior à escola, e desfrutando de uma organização, de uma economia interna e de uma eficácia que elas não parecem dever a nada além delas mesmas, quer dizer, à sua própria história (Ibid, p. 180).

Chervel se fundamenta em uma análise da constituição e do desenvolvimento histórico da teoria gramatical ensinada na escola francesa, e conclui que "ela foi historicamente criada pela própria escola, na escola e para a escola" (Ibid, p. 181).

Quanto à relação das disciplinas escolares com a Pedagogia, a visão de Chervel é a de que esta é um dos constituintes das disciplinas, parte do seu próprio conteúdo:

> [...] excluir a pedagogia do estudo dos conteúdos é condenar-se a nada compreender do funcionamento real dos ensinos. A pedagogia, longe de ser um lubrificante espalhado sobre o mecanismo, não é senão um elemento desse mecanismo, aquele que transforma os ensinos em aprendizagens" (Ibid, p. 182).

---

[1] Uma exposição detalhada das principais ideias da chamada "didática francesa" encontra-se em Pais (2001). Sobre a questão da transposição didática em particular, ver o Capítulo II do referido livro.

Aqui se manifesta um elemento importante da concepção geral de disciplina escolar desse autor: ela não pode ser vista meramente como uma "matéria" a ser ensinada, isto é, uma lista de "conteúdos" constituída anteriormente ao processo de ensino escolar. Ao contrário, se constitui historicamente em conjunção com a prática e a cultura escolar.

Para nós, no entanto, nenhuma dessas duas concepções se mostra satisfatória. Na noção de Matemática Escolar que deriva da ideia de transposição didática de Chevallard há, ao que nos parece, um hiperdimensionamento do saber científico: a Matemática Escolar é reduzida a uma espécie de didatização da Matemática Científica e é minimizada a ação dos condicionantes da prática docente e da própria cultura escolar. Já Chervel, ao mesmo tempo que abre o caminho para se conceber a Matemática Escolar como uma construção associada especificamente à instituição Escola, parece fechar as portas à consideração dos múltiplos mecanismos e processos que condicionam essa construção a partir do exterior do espaço escolar.

Adotaremos uma concepção de Matemática Escolar que não se refira tão estritamente às práticas efetivas que se desenvolvem no interior da escola, como sinaliza Chervel, nem se reduza a uma adaptação da Matemática Científica ao processo de escolarização básica, como sugere Chevallard. Usaremos as expressões *Matemática Científica* e *Matemática Acadêmica* como sinônimos que se referem à Matemática como um corpo científico de conhecimentos, segundo a produzem e a percebem os matemáticos profissionais. E *Matemática Escolar* referir-se-á ao conjunto dos saberes "validados", associados especificamente ao desenvolvimento do processo de educação escolar básica em Matemática. Com essa formulação, a Matemática Escolar inclui tanto saberes produzidos e mobilizados pelos professores de Matemática em sua ação pedagógica na sala de aula da escola, quanto resultados de pesquisas que se referem à aprendizagem e ao ensino escolar de conceitos matemáticos, técnicas, processos, etc. Dessa forma, distanciamo-nos, em certa medida, de uma concepção de Matemática Escolar que a identifica com uma disciplina "ensinada" na escola, para tomá-la como um conjunto de saberes associados ao exercício da profissão docente. Partindo dessa noção de Matemática

Escolar, passamos a explicitar alguns de seus aspectos distintivos em relação à Matemática Acadêmica, a fim de situar certos saberes e "não saberes" da prática docente escolar em termos do processo de formação profissional na licenciatura.

Matemática Acadêmica e Matemática Escolar: uma palavra em comum e diferenças substantivas

O fenômeno social da produção da Matemática Escolar parece ultrapassar não só a noção de transposição didática regulada pela comunidade científica, como também a ideia de que as disciplinas escolares sejam construções endógenas que não devem nada a ninguém. Sem desconsiderar toda a trama de condicionamentos sociais e culturais que se prendem a qualquer construção dessa natureza, entendemos a Matemática Acadêmica e a Matemática Escolar como referenciadas, *em última instância*, nas condições em que se realizam as práticas respectivas do matemático e do professor de Matemática da escola. A prática do matemático tem como uma de suas características mais importantes, a produção de resultados originais de *fronteira*. Os tipos de objetos com os quais se trabalha, os níveis de abstração em que se colocam as questões e a busca permanente de máxima generalidade nos resultados fazem com que a ênfase nas estruturas abstratas, o processo rigorosamente lógico-dedutivo e a extrema precisão de linguagem sejam, entre outros, valores essenciais associados à visão que o matemático profissional constrói do conhecimento matemático. Por sua vez, a prática do professor de Matemática da escola básica desenvolve-se num contexto *educativo*, o que coloca a necessidade de uma visão fundamentalmente diferente. Nesse contexto, definições mais descritivas, formas alternativas (mais acessíveis ao aluno em cada um dos estágios escolares) para demonstrações, argumentações ou apresentação de conceitos e resultados, a reflexão profunda sobre as origens dos erros dos alunos, etc. se tornam valores fundamentais associados ao saber matemático escolar. Por exemplo, Sfard (1991) desenvolve uma análise do processo de abstração na Matemática, relacionando dois aspectos de um único conceito: o aspecto operacional (em que o conceito é visto como processo) e o estrutural (o conceito como objeto). Segundo Sfard, muitos conceitos matemáticos apresentam, dual e complementarmente, os aspectos operacional e estrutural, e, no processo de formação do conceito, o aspecto operacional seria precedente, portanto uma base sobre a qual se construiria a sua dimensão estrutural. O nível de abstração mais elevado - correspondente ao aspecto estrutural - seria atingido através das fases de interiorização (em que se modelam mentalmente as ações correspondentes ao aspecto operacional do conceito), de condensação (em que as ações interiorizadas são coordenadas de modo que o processo é captado como um todo) e de reificação (em que o processo se transforma finalmente em objeto). Sfard fornece vários exemplos de conceitos básicos da Matemática Escolar - função, número - e cita resultados de algumas de suas pesquisas que reforçam a tese de que, no processo de aprendizagem, o aspecto operacional precede o estrutural. Uma implicação dessa tese para a educação escolar seria a insuficiência e a inadequação de uma visão do conhecimento matemático como um sistema formal-dedutivo, própria da Matemática Científica, uma vez que as definições formais representam os conceitos já no seu aspecto estrutural e, de certa forma, ocultam as etapas de interiorização e de condensação que facilitam a construção da reificação.

Definições e demonstrações

Uma das distinções importantes entre a Matemática Acadêmica e a Matemática Escolar é a que se refere ao papel e aos significados das definições e das demonstrações em cada um desses campos do conhecimento matemático. Embora em ambos exista certamente a necessidade de bem caracterizar os respectivos objetos, de validar as afirmações a eles referidas e de explicar as razões pelas quais certos fatos são aceitos como verdadeiros e outros não, a formulação das definições e das provas e o papel que desempenham em cada um dos contextos são, todavia, bastante diferentes.

No caso da Matemática Científica, devido à sua estruturação axiomática, todas as provas se desenvolvem apoiadas nas definições e nos teoremas anteriormente estabelecidos (e evidentemente nos postulados e conceitos primitivos). Isso exige uma formulação extremamente precisa para as definições, pois ambiguidades na caracterização de um objeto matemático podem produzir contradições na teoria. As definições formais e as demonstrações rigorosas são elementos importantes tanto durante o processo de conformação da teoria – nos momentos em que a comunidade avalia e eventualmente acata um resultado novo, garantindo-se, então, a sua incorporação ao conjunto daqueles já aceitos como válidos – quanto no processo de apresentação sistematizada da teoria já elaborada.

No caso da Matemática Escolar, estão permanentemente em cena dois elementos fundamentais que modificam significativamente o papel das definições e das provas. O primeiro se refere ao fato de que a "validade" dos resultados matemáticos a serem discutidos no processo de escolarização básica não está posta em dúvida; ao contrário, já está garantida, *a priori*, pela própria Matemática Acadêmica. Para um exemplo ilustrativo, observamos que, na Matemática Acadêmica, a dúvida se o número $\chi(P)$ – característica de Euler-Poincaré – era ou não igual a 2 para todo poliedro convexo manteve-se até surgir uma demonstração considerada correta do teorema de Euler (Dieudonné, 1990, p. 248). Esse tipo de questão não está posta para a Matemática Escolar. Por exemplo, o produto de dois números naturais é comutativo, não há nenhuma dúvida quanto a isso. O problema que se coloca no ensino escolar não é o de demonstrar um fato como esse rigorosamente, a partir de definições precisas e de resultados já estabelecidos, como no processo axiomático científico. A questão fundamental para a Matemática Escolar – esse é o segundo elemento, sempre presente no cenário educativo – refere-se à aprendizagem, portanto ao desenvolvimento de uma prática pedagógica visando à compreensão do fato, à construção de justificativas que permitam ao aluno utilizá-lo de maneira coerente e conveniente na sua vida escolar e extra escolar. Há uma diferença significativa entre alinhar argumentos logicamente irrefutáveis que garantam a validade de um resultado a partir de postulados, definições, conceitos primitivos de uma teoria e, no contexto educativo escolar, promover o desenvolvimento de um convicção profunda a respeito da validade desse resultado. Morris Kline utiliza uma frase de Samuel Johnson, aludindo, de forma irônica, à diferença a que nos referimos: "Eu lhe forneci um argumento, mas não estou obrigado a lhe fornecer uma compreensão" (Johnson, apud Kline, 1974, p. 5).* Em outras situações, poder-se-ia inverter a frase de Johnson e dizer: "eu já tenho uma compreensão, não necessito de um argumento", como talvez fizesse um aluno da escola diante de uma demonstração matematicamente correta do fato de que não há número inteiro entre 0 e 1 (essa demonstração é feita em Birkoff e MacLane, 1980, p. 11; White, 1973, p. 24-25; Monteiro, 1969, p. 75 e proposta como exercício em Lima, 1989, p. 9). Nesse caso, é claro que, para a Matemática Escolar, não faz nem sentido argumentar: qualquer tipo de argumentação teria que pressupor a aceitação, sem provas, de afirmações mais complexas e menos evidentes do que a própria tese a ser provada. No entanto, para a Matemática Acadêmica, a demonstração faz sentido: entre outros objetivos possíveis, ela explicita para o futuro matemático em processo de formação essa espécie de "suspensão de certeza" a que devem ser submetidos todos os enunciados – até um como esse, impensável de se colocar em dúvida dentro da cultura escolar – para que se processe rigorosamente esse tipo de organização lógica da Matemática Científica, que é a axiomática.

No caso da educação matemática escolar, o julgamento da validade e a própria elaboração das argumentações passam por considerações de natureza didático-pedagógica e pelo desenvolvimento de formas de convencimento próprias da comunidade escolar. Simon (1996) oferece exemplos interessantes de demonstrações elaboradas por alunos da escola as quais, embora não possam ser consideradas rigorosas em relação à Matemática Acadêmica, também não podem ser vistas como incorretas ou incompletas sob a ótica da Matemática Escolar. Vejamos alguns dos exemplos apresentados por Simon, coletados em sala de aula nos Estados Unidos:

Exemplo 1

> Mary é uma estudante do décimo ano [o que corresponderia, no Brasil, à segunda série do Ensino Médio, em termos de anos de escolaridade], numa aula de Geometria. Os alunos estavam explorando ideias a respeito de triângulos isósceles com um determinado software e ainda não tinham chegado ao teorema que afirma a igualdade dos ângulos "da base", se o triângulo tem dois

> lados iguais. Trava-se, então, o seguinte diálogo entre a senhora Goodhue, a professora, e Mary:
> Goodhue: Mary, você poderia construir um triângulo isósceles, especificando dois ângulos e o lado que liga os vértices desses ângulos?
> Mary diz que sim e desenha os dois ângulos iguais. A professora lhe pede para explicar.
> Mary: Eu sei que, se duas pessoas caminharem a partir das extremidades do lado e em direções que fazem ângulos iguais com o lado, quando elas se encontrarem terão andado a mesma distância.
> Simon (que assistia à aula): O que aconteceria se a pessoa da esquerda caminhasse fazendo um ângulo menor do que a da direita?
> Mary (sem nenhuma hesitação): Essa pessoa teria andado mais que a da direita, quando elas se encontrassem (SIMON, 1996, p. 199).*

Simon, em seguida, comenta o modo como Mary lidou com a questão que havia sido proposta pela professora:

> Neste exemplo, a senhora Goodhue tinha antecipado que os alunos gerariam vários triângulos isósceles e notariam um padrão (raciocínio indutivo): que os ângulos da base seriam iguais. Isso levaria à conjectura de que tal padrão seria verdadeiro para todos os triângulos isósceles e então se colocaria a necessidade de uma prova dedutiva. [...] Mary foi capaz de ver um triângulo isósceles, não como uma figura estática de dimensões particulares, mas, ao contrário, como resultado de um processo dinâmico que gera triângulos a partir das extremidades de um segmento de reta. O seu modelo mental dinâmico permitiu a ela não só perceber a relação entre os ângulos da base de um triângulo isósceles, mas também raciocinar a respeito da relação entre os tamanhos dos outros lados do triângulo se os ângulos da base são diferentes. Devido à natureza do seu raciocínio, essas duas idéias foram conectadas: o triângulo isósceles era um caso particular de uma compreensão mais geral a respeito dos ângulos e lados correspondentes em um triângulo (SIMON, 1996, p. 199, grifo nosso).*

Exemplo 2

> Considere o seguinte problema: O triângulo ABC tem um ângulo reto no vértice B. P é um ponto sobre o lado AB, situado entre A e B. Que tipo de comparação (maior ou menor) se pode estabelecer entre as somas de segmentos (AP + PC) e (AB + BC)? Veja a figura abaixo.
>
> 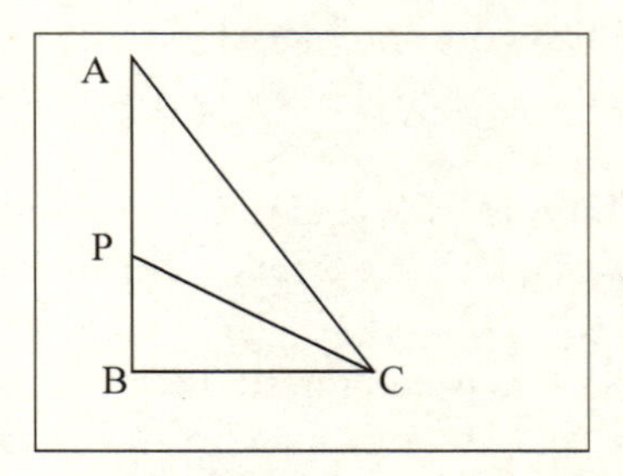
>
>
> Pode-se provar, dedutivamente, que AP + PC é menor que AB + BC. [...] Mas considere a forma como Sam raciocinou:
> O ponto A é a minha casa, e o ponto C é a minha escola. O interior do triângulo ABC é a mata. Normalmente eu caminho da minha casa (A) até a esquina (B), viro à esquerda e caminho até a escola (C). Algumas vezes, quando estou indo em direção a B, eu corto por dentro da mata (a partir de um ponto P). Eu sei que, quando passo por dentro da mata, a caminhada é menor. Sei também que, quanto antes (mais perto de A) eu entrar para a mata, menos tenho que andar.
> Observe-se também nesse caso, que a última frase de Sam lhe permite validar uma afirmação que é mais complexa e mais abrangente do que a que foi proposta no problema (Simon, 1996, p. 200-201).*

Esses exemplos reforçam o argumento a favor da ideia de que, na Matemática Escolar, a prova dedutiva rigorosa não é a única forma aceitável de demonstração. As justificativas menos formais, mais "livres", que se desenvolvem tomando como postulados e elementos primitivos tácitos certos conhecimentos provenientes da vida cotidiana – já que não se coloca a necessidade de uma seleção rigorosamente *econômica* desses elementos, como na axiomática científica – não apenas podem ser aceitas, mas também levar, como vimos nos dois exemplos, a uma compreensão mais aprofundada das relações matemáticas em discussão. Outro exemplo que pode ser citado é o da utilização de dobraduras em papel para a verificação de certos fatos da Geometria. Esses tipos de justificativas, por suas características de proximidade maior com as elaborações dos próprios alunos, podem constituir muitas vezes argumentações mais convincentes, dentro da comunidade escolar, do que as demonstrações formais.

Por certo, argumentações de tipo menos formal não estão isentas de complicações e questionamentos dentro do trabalho pedagógico na escola básica. Exemplos de dificuldades a ser contornadas seriam:

- a possibilidade de estímulo a um relaxamento exagerado de modo a se fazer despercebida a utilização de circularidade lógica (algumas vezes mais evidente, outras vezes sutil) nos raciocínios empregados nas justificativas;
- a possibilidade de promoção de uma compreensão equivocada do papel e da necessidade de validação dos resultados e das sentenças matemáticas no contexto da educação escolar básica (numa direção que, levada ao extremo, se traduziria nos seguintes termos: "basta eu acreditar para ser considerado verdadeiro");
- a possibilidade de reforçar certas concepções inadequadas (*misconceptions*) do aluno, as quais podem eventualmente funcionar como obstáculo ao desenvolvimento do processo de aprendizagem da Matemática Escolar.

Observemos, no entanto, que grandes dificuldades também são detectadas quando se fica restrito, no trabalho docente escolar, às provas dedutivas nos moldes prescritos pela Matemática Científica. Um estudo de Douek (1999), por exemplo, aponta indícios de que subordinar o processo de construção de validações dos resultados matemáticos a requisitos que exigem um produto final (a demonstração) formalmente elaborado pode ter consequências negativas para muitos estudantes. Ela observou, com estudantes já no estágio universitário de formação matemática, que essa subordinação atua no sentido de censurar demasiadamente o processo de desenvolvimento de tentativas (ensaio e erro) ou de busca de uma compreensão não formal do resultado a ser demonstrado.

Resumindo: enquanto o papel central das demonstrações na Matemática Acadêmica refere-se à inscrição de um determinado resultado entre os aceitos como verdadeiros pela comunidade científica, na educação matemática escolar a demonstração desempenha papéis essencialmente pedagógicos, tais como:

a) contribuir para a construção de uma visão da disciplina na qual os resultados sejam tomados não como dados arbitrários, mas como elementos de saber socialmente construídos e aceitos como válidos através de negociação e argumentação;
b) desenvolver a capacidade de argumentação. Por exemplo, a atividade pedagógica que consiste em submeter à crítica dos outros alunos uma determinada cadeia de argumentos construída por um deles pode levar a um entendimento mais significativo do resultado que é objeto da argumentação; pode levar também a um refinamento dos próprios argumentos ou mesmo da linguagem utilizada para apresentá-los.

Se os papéis da demonstração na Matemática Escolar são dessa natureza, então os cânones não serão os mesmos da Matemática Científica. As relações com os conceitos primitivos, com as definições, com os axiomas, com a própria linguagem e simbolismo, com o rigor, etc. são necessariamente muito mais flexíveis, pois não se trata de convencer a comunidade científica de que o fato em questão pode ser inscrito no conjunto de resultados matemáticos "verdadeiros". Trata-se, na Matemática Escolar, de uma negociação situada num contexto educativo, com grupos de estudantes cujo saber matemático encontra-se em desenvolvimento; uma comunidade que pode ser convencida em certo momento por determinados tipos de argumentos, mas não por outros; grupos de estudantes que vão reencontrar o fato que é objeto da argumentação em outros estágios do processo de escolarização e que possuem num dado estágio uma correspondente experiência de crítica, etc.

Por outro lado, no que concerne às definições, Poincaré também se refere a uma diferença entre o rigor necessário e conveniente à Matemática Científica e aquilo que seria adequado a um processo educativo. Ele diz: "o que é uma boa definição? Para o filósofo ou o cientista é uma que se aplica a todos os objetos a serem definidos, e somente a eles. Mas em educação não é isso; é uma que pode ser entendida pelos alunos" (POINCARÉ, apud TALL, 1992, p. 496).* Além do fato de que os alunos devem entender a definição, há que se considerar também a necessidade e a conveniência, no contexto escolar, de se apresentar uma definição formal para os objetos matemáticos em estudo. Enquanto na Matemática Científica a caracterização através da definição formal é central para o desenvolvimento rigoroso da teoria, na Matemática Escolar, muitas vezes, não é adequado utilizar esse tipo de identificação do objeto.

A tendência predominante na Matemática Científica, desde o século XIX, é a de se caracterizar os objetos matemáticos abstraindo-se a sua natureza e enfatizando-se as estruturas. Por exemplo, variedade diferenciável de dimensão n é "qualquer coisa" localmente difeomorfa ao espaço euclidiano R^n; o conjunto dos números reais é "qualquer" conjunto com a estrutura de corpo ordenado completo; número natural é um elemento de um conjunto de objetos que satisfaz aos axiomas de Peano, etc. Dieudonné comenta:

> Pouco a pouco desenha-se uma idéia geral que será precisada no século XX, a de estrutura na base de uma teoria matemática; é a consequência da constatação de que aquilo que desempenha o papel primordial numa teoria são as *relações* entre os objetos matemáticos que aí figuram, antes da *natureza* destes objetos, e que, em duas teorias diferentes, pode acontecer que haja relações que se exprimam da *mesma* maneira nas duas teorias; o sistema destas relações e as suas "correspondências" é uma mesma estrutura "subjacente" às duas teorias (DIEUDONNÉ, 1990, p. 118, itálicos e aspas como no original).

São vários os exemplos que mostram a inadequação de se transferir para a Matemática Escolar (didatizando-os ou não) esses valores da Matemática Científica: o conjunto dos números naturais, o conjunto dos números reais, a representação decimal dos números, a ordem no conjunto dos reais, os poliedros, as noções de área, volume, comprimento, etc., não são objetos ou conceitos definidos formalmente no contexto da educação matemática escolar, seja porque fazê-lo não é considerado pedagogicamente conveniente, seja porque não é vista como necessária essa maneira de caracterizar tais objetos.

Vemos, assim, que no caso das definições ocorre algo semelhante ao que já observamos a respeito das demonstrações: as características da prática escolar tendem a favorecer um modo mais flexível de caracterização dos objetos matemáticos, muitas vezes através de referências descritivas ou de imagens intuitivas, no lugar de definições formais. Mesmo porque a definição formal parece não desempenhar, entre os estudantes, um papel muito significativo no processo de construção do conceito a que ela se refere. Muitas vezes, nem mesmo é evocada de modo relevante, numa situação de resolução de problemas envolvendo o conceito. De fato, essas são algumas das conclusões de pesquisas empíricas que Vinner (1991) relata no artigo *O papel das definições no ensino e no aprendizado da Matemática*. Ele abre o texto com a seguinte consideração:

> A definição cria um sério problema para o aprendizado da Matemática. Ela representa, talvez mais do que qualquer outra coisa, o conflito entre a estrutura da Matemática, como a concebem os matemáticos profissionais, e os processos cognitivos de aquisição dos conceitos" (Vinner, 1991, p. 65, grifo nosso).*

Esse conflito pode ser sintetizado nos seguintes termos: para a Matemática Científica, a definição expressa *o que o objeto é* (como objeto matemático), enquanto do ponto de vista do processo cognitivo, o conhecimento do objeto pelo estudante parece se desenvolver através da construção de uma espécie de mosaico de representações pessoais desse objeto (não necessariamente livre de inconsistências), o qual pode ou não conter a definição formal como uma de suas peças.

Assim como nas demonstrações, também aqui podem surgir problemas com essa flexibilização no processo de caracterização dos objetos matemáticos operada em determinadas circunstâncias pela matemática escolar. Embora a formação de conceitos matemáticos esteja fortemente associada a um processo que envolve a construção de um conjunto de *imagens*, estas podem ser, para um mesmo indivíduo e para um mesmo conceito, contraditórias, limitadas e mesmo, em certos aspectos, conflitantes com a definição formal do objeto a que se referem. Observa-se, além disso, que, numa dada situação, uma imagem apenas parcialmente adequada do conceito pode ser evocada e, mesmo assim, levar efetivamente a uma solução correta da questão ou do problema proposto. Esse fato costuma produzir um reforço daquela imagem particular e uma eventual resistência a percebê-la como limitada. Assim, o conjunto de imagens de um indivíduo a respeito de determinado conceito tende a ser "psicologicamente resistente", o que significa que a simples exposição do indivíduo à definição rigorosa não é suficiente para provocar uma reorganização ou reestruturação desse mosaico.

Erros e "misconceptions"

A análise dessas dificuldades nos processos de ensino e aprendizagem escolar, referidas à questão das definições e demonstrações, nos conduz a outro elemento distintivo da Matemática Escolar em relação à Matemática Científica. Trata-se das formas com que cada um desses campos do conhecimento matemático lida com a noção de erro.

Para a Matemática Científica, o erro é um fenômeno lógico que expressa uma contradição com algum fato já estabelecido como "verdadeiro". Para a Matemática Escolar, no entanto, é importante pensar o erro como um fenômeno psicológico que envolve aspectos diretamente relacionados ao desenvolvimento dos processos de ensino e aprendizagem. Não é por acaso que, ao contrário do que acontece no campo da Matemática Acadêmica, uma área de pesquisa em Educação Matemática se dedica especificamente à análise de erros a partir de variadas perspectivas teóricas e metodológicas (Radatz, 1980; Cury, 1995). Além disso, é bastante comum em praticamente qualquer área da Educação Matemática, que um relato de pesquisa contenha, ainda que desempenhando um papel complementar no estudo, alguma referência a erros que estudantes da escola cometem ao lidar com o conceito ou processo que foi objeto da investigação.

Pesquisas indicam que os erros têm um caráter sistemático, são persistentes e, muito frequentemente, resultam de experiências anteriores do aluno. Os erros, antes de se reduzirem a uma simples manifestação de desconhecimento ou de fracasso, podem ser entendidos como um indicador didático-pedagógico. Referindo-se simultaneamente ao aluno e ao saber a ensinar, o estudo dos erros é peça fundamental no trabalho de planejamento das atividades de ensino escolar. Nesse sentido, constitui parte importante dos saberes envolvidos na ação pedagógica do professor.

De um ponto de vista amplo, um aspecto relevante que o erro acaba colocando em discussão – e que importa fundamentalmente para a matemática escolar – é o processo de contradição dialética que se estabelece entre conhecimento "novo" e "antigo", no desenvolvimento da aprendizagem. Se, por um lado, o conhecimento anterior do aluno pode servir de obstáculo para o avanço no aprendizado, por outro, é indiscutível que os processos de abstração e generalização se desenvolvem essencialmente em interação com esse conhecimento. Tais interações incluem desde adaptações de certos modelos a uma formulação mais geral de determinado conceito até uma profunda reorganização da estrutura cognitiva com a acomodação de elementos essencialmente novos. Por exemplo, a noção de número real é construída na escola como resultado de uma sequência de generalizações do conceito de número, desde os naturais até os racionais, passando pelos negativos e, finalmente, incluindo os irracionais. Em cada etapa dessa sequência, os conhecimentos anteriores dos alunos vão atuar simultaneamente como suporte – na medida em que os conjuntos numéricos mais restritos exibem propriedades que vão orientar o processo de ampliação – e como fonte de conflito, porque há uma tendência a transferir para o campo ampliado propriedades que são válidas apenas no campo restrito. Assim, uma compreensão aprofundada dos erros dos alunos permitiria ao professor situá-los cognitivamente nos diferentes estágios desse processo.

Uma das vertentes da análise de erros que interessa diretamente à Matemática Escolar é a que se ocupa do fenômeno da internalização de conceitos numa forma considerada inadequada (*misconceptions*). Graeber (1993) descreve vários tipos de *misconceptions* prevalecentes entre alunos da escola, as quais induzem a erros ou limitações no uso de conceitos matemáticos. Analisando cinco propostas para a promoção de *mudança conceitual*, ela observa que, embora não possam ser reduzidas umas às outras, todas essas formas de pensar o ensino e a aprendizagem sugerem o desenvolvimento de estratégias didáticas que busquem:

a) tornar explícitas as concepções vigentes entre os alunos;
b) trazer à tona os conflitos latentes entre as diferentes concepções;
c) encorajar a reestruturação das ideias vigentes ou a construção de novas ideias, utilizando diferentes contextos para a sua aplicação;
d) estimular a reflexão do estudante sobre a história de sua própria apreensão do conceito.

De outra perspectiva, Tall e Vinner (1981) estudaram as representações que uma pessoa possui de um determinado conceito matemático e contrastam esse conjunto de imagens (*concept image*) com a definição formal do conceito (*concept definition*). Segundo eles, as imagens conceituais de um mesmo indivíduo não formam necessariamente um conjunto logicamente coerente e completo de visões do conceito. Além de contradições internas que se desenvolvem entre as imagens conceituais, haveria que se considerar os possíveis conflitos entre elas e a definição formal como uma potencial fonte de erros numa dada situação. Assim, conhecer as imagens dos alunos sobre determinado conceito é importante porque elas expressam possíveis obstáculos cognitivos e, ao mesmo tempo, germes de conhecimento novo, e constituem um ponto de partida fundamental para o ensino sob qualquer uma dessas formas.

Em suma, pode-se dizer que os estudos sobre erros proporcionam condições efetivas para que o processo de ensino se desenvolva a partir dos conhecimentos e das estratégias vigentes entre os estudantes. Na Matemática Escolar, o erro desempenha um papel positivo importante: fornece elementos para o planejamento e a execução das atividades pedagógicas em sala de aula. Para a Matemática Científica, por outro lado, a função do erro, embora também muito importante, é essencialmente negativa: indica a inadequação ou a falsidade de resultados, formas de argumentação, etc.

Ao encerrar este capítulo, queremos ressaltar a operacionalidade da ideia de se reconhecer como distintas as formas de saber correspondentes à Matemática Científica e à Matemática Escolar, especialmente quando se tem em vista a análise das relações entre formação e prática do professor. Se a Matemática Escolar é concebida como mero subconjunto da Matemática Científica, a tendência é reduzir a primeira à parte elementar da última, com a consequente desqualificação do conhecimento matemático escolar frente ao saber acadêmico. Nesse processo, a Matemática Escolar acaba se tornando apenas o componente fácil, simples e básico do complexo e sofisticado edifício da Matemática Científica. Essa concepção pode implicar, ainda, a ideia de que não há muito sobre o que investigar, questionar ou refletir sobre a Matemática Escolar e associar a ela a condição de conhecimento naturalmente "dado" dentro do processo de formação profissional do professor. De acordo com os modelos usuais, o saber docente é decomposto em componentes de tal modo que se separa, de um lado, o conhecimento disciplinar científico (no caso a matemática) e, de outro, os conhecimentos pedagógicos, curriculares, experienciais, etc. Uma das consequências dessa separação é que o saber disciplinar, visto como parte da Matemática Científica, ocupa, ainda que de forma implícita ou subliminar, o lugar de saber fundante ou a razão de ser do trabalho docente, enquanto os outros vão se referir essencialmente ao desenvolvimento de atividades didático-pedagógicas visando a *aquisição*, por parte dos alunos, desse núcleo fundamental de conhecimento. No limite, a educação matemática na escola acabaria se reduzindo ao ensino da Matemática Acadêmica, adaptada às condições escolares. Uma formação matemática profunda para o professor se reduziria, então, ainda segundo essa concepção, ao domínio da Matemática Acadêmica não elementar, ou seja, à internalização dos seus valores, conceitos, técnicas, métodos, concepções, formas de pensamento, etc. Desse modo, a Matemática Acadêmica e seus valores se estabelecem de forma natural como o centro de gravidade da formação profissional do professor; deslocam-se para a "periferia" desse processo as questões referentes à prática pedagógica efetiva na escola e à própria cultura escolar.

Quando, ao contrário, essa distinção entre Matemática Científica e Matemática Escolar é explicitamente admitida como fundamento dos estudos sobre a prática profissional, sobre os saberes profissionais e sobre o processo de formação do professor, resulta uma outra percepção da complexidade da Matemática Escolar. Nesse caso, ela se funda na complexidade da própria prática educativa escolar e não mais nos valores específicos da Matemática Científica. Além disso, uma vez que a Matemática Escolar é reconhecida em sua especificidade, torna-se positivamente complicado analisar o conhecimento disciplinar isolado dos outros "componentes" dos saberes profissionais docentes. A Matemática Escolar constitui um amálgama de saberes regulado por uma lógica que é específica do trabalho educativo, ainda que envolva uma multiplicidade de condicionantes. Dessa perspectiva, uma reflexão profunda sobre o papel da Matemática Escolar no currículo da licenciatura pode contribuir para introduzir uma referência mais direta e intrínseca da prática escolar no processo de formação inicial do professor.

É importante ressaltar que a distinção que propomos não institui uma oposição sistemática entre o saber matemático visto como objeto de construção científico-acadêmica, e a Matemática Escolar, entendida como um amálgama de conhecimentos associados à educação básica. Entretanto, observamos que, ao tomar cada uma dessas faces do conhecimento matemático em suas especificidades, um leque de importantes questões que interessam diretamente à formação do professor perde o caráter de pressuposto natural e põe-se em discussão na condição de objeto ou problema de investigação teórica e de pesquisas empíricas. Como exemplo, citamos estas questões: em que medida e de que maneira concreta o conhecimento da Matemática, na forma e nos valores associados à Matemática Acadêmica, poderia contribuir efetivamente para o desempenho profissional no trabalho docente na escola básica? Em que medida ou a partir de quais características o processo de construção da Matemática Científica pelos matemáticos profissionais poderia servir de modelo para o desenvolvimento de práticas educativas escolares em Matemática? Seria possível e/ou adequado, "transferir" para a Matemática Escolar certas práticas e posturas associadas ao trabalho científico de investigação na fronteira do conhecimento matemático acadêmico? Que tipo de recontextualização essas "transferências" demandariam? Qual seria o dimensionamento adequado e os papéis respectivos da Matemática Científica e da Matemática Escolar no processo de formação matemática na licenciatura?

Capítulo II

Matemática Escolar: uma construção sob múltiplos condicionantes

Um dos condicionantes do processo de escolarização básica é o currículo prescrito. Goodson (1998), em uma análise histórica do desenvolvimento da noção de currículo, apresenta uma série de fatos que, em seu conjunto, convergem para sustentar uma concepção do currículo escolar como uma construção social, ou seja, uma forma de expressão das lutas políticas, econômicas e socioculturais que se desenvolvem em torno do desenho e da execução do processo de escolarização básica. Nesse cenário de disputas figuram, entre os atores, grupos acadêmicos e profissionais que detêm e produzem saberes associados a esse processo. Um exemplo histórico que põe à mostra os antagonismos envolvidos no processo social de construção do currículo escolar pode ser visto no episódio ocorrido na Inglaterra no século XIX, referido por Goodson como "controvérsia em torno do ensino da ciência" (Goodson, 1998, p. 89-91). Outro exemplo, mais recente, é o que se refere à introdução da chamada Matemática Moderna no ensino escolar. Mais recentemente ainda, tivemos a "guerra curricular da Califórnia", em que a disputa se deu em torno das diretrizes curriculares para a educação básica naquele estado americano, envolvendo a mídia, audiências públicas e centenas de milhões de dólares para o financiamento da produção de textos e material didático dos projetos vencedores (veja-se a edição de fevereiro de 1999 da revista Phi Delta Kappan, especialmente dedicada ao assunto).

Deve-se ponderar, entretanto, que o currículo escrito expressa apenas um estágio do processo de constituição dos saberes associados à prática profissional do professor de Matemática da escola. É nessa dimensão prescrita da Matemática Escolar - mais objetivada, desenhada num terreno de disputas e conflitos, mas sob forte influência da comunidade matemática acadêmica, cuja legitimidade social para essa tarefa tem se mostrado mais sólida do que aquela conquistada pela comunidade escolar - que se manifestam mais claramente os vínculos estreitos com a Matemática Científica. Contudo, a Matemática Escolar não fica totalmente definida pelos resultados dessa disputa que se desenvolve fundamentalmente fora dos muros da escola. Há que se considerar, ainda, o que a prática escolar vai produzir a partir das prescrições vencedoras, ou seja, como estas vão se acomodar dentro do processo histórico de produção dos saberes associados à docência escolar. É nesse sentido específico que se pode dar razão a Chervel quando diz que a disciplina escolar é criada na escola, pela escola e para a escola.

Os saberes associados à prática docente

Assim é que sempre recaímos no terreno da prática escolar e, em particular, no campo da prática docente. Um conceito que tem conduzido a reflexões importantes sobre a produção de saber na prática docente e, portanto, sobre a constituição da Matemática Escolar, é o de *conhecimento pedagógico do conteúdo* (pedagogical content knowledge), elaborado por Shulman ao desenvolver estudos e pesquisas visando caracterizar o que seria um *repertório de conhecimentos necessários à prática docente* (knowledge base for teaching). Entre as categorias desse repertório, o autor destaca o *conhecimento pedagógico do conteúdo*, um amálgama especial de saberes profissionais, que constitui um modo de entendimento da disciplina, específico dos professores (Shulman, 1987). Uma diferença fundamental desse conceito em relação à noção de transposição didática de Chevallard é, a nosso ver, a fonte que o engendra como uma construção de saber: a prática docente em sala de aula. Nesse sentido, o *conhecimento pedagógico do conteúdo* não é algo que é produzido e regulado a partir do exterior da escola e que deva ser transladado para ela. Ao contrário, trata-se de uma construção elaborada no interior das práticas pedagógicas escolares, cuja fonte e destino são essas mesmas práticas. Entretanto, não se pode deixar de notar uma certa simplificação do papel da prática docente na produção do saber profissional que ainda permanece implícita na proposição de Shulman: o *conhecimento pedagógico do conteúdo* não vai muito além de uma forma de cumprir bem as prescrições, ou seja, ensinar "competentemente" ou "eficientemente" aquilo que se encontra prescrito nos currículos escolares.

Tardif *et al.* (1991) descrevem a prática docente na escola como uma atividade complexa correspondente a um espaço de produção de saberes diversificados. E, ao confrontarem os saberes construídos na experiência com os saberes acadêmicos do processo de formação inicial ou com as próprias prescrições curriculares, esses autores se referem a uma relação crítica:

> Os saberes da experiência adquirem também uma certa objetividade em sua relação crítica com os saberes curriculares, das disciplinas e da formação profissional. [...] Os professores não rejeitam em sua totalidade os outros saberes; pelo contrário, eles os incorporam à sua prática, porém re-traduzindo-os em categorias do seu próprio discurso. Nesse sentido a prática aparece como um processo de aprendizagem através do qual os professores re-traduzem sua formação e a adaptam à profissão, eliminando o que lhes parece inutilmente abstrato ou sem relação com a realidade vivida (Tardif *et al.*, 1991, p. 231, grifo nosso).

Essa retradução crítica dos saberes da formação operada pela prática é, naturalmente, incorporada à Matemática Escolar. Em vista disso, torna-se fundamental investigar esse processo de seleção, de adaptação e de produção de saberes que se desenvolve na prática profissional docente. Gauthier *et al.* (1998) apresentam um estudo em que são analisadas 42 sínteses de pesquisas (cobrindo cerca de 4.700 artigos, no total) a respeito dos saberes profissionais dos professores. O estudo procurou identificar e categorizar elementos de um conjunto de conhecimentos que os autores denominam *saberes da ação pedagógica* isto é, conhecimentos, habilidades e competências dos professores, associados diretamente às atividades da sala de aula. Esses saberes foram agrupados em duas grandes categorias: a *Gestão da Classe e a Gestão da Matéria*. Cada uma das categorias ainda é dividida em três subcategorias: os saberes que se referem ao planejamento, os que se referem às atividades de interação com os alunos e os que se referem à avaliação. O estudo descreve elementos que comporiam um possível *repertório de conhecimentos* próprios da prática docente escolar. Embora ressaltem sempre as enormes dificuldades do empreendimento, Gauthier *et al.* concluem que existe, comprovadamente, um saber da ação pedagógica e que há uma certa convergência nos resultados de pesquisas que tratam da gestão da matéria e da gestão da classe. Afirmam também que a ideia de tal repertório pode ser funcional nas análises dos saberes docentes.

Os elementos descritos no estudo desses autores não se referem a uma disciplina específica, mas a aspectos gerais do processo de educação escolar básica. Não temos conhecimento de nenhum estudo analítico-descritivo desse porte, que trabalhe com sínteses de pesquisas e se refira particularmente à Matemática Escolar, mas há registro de inúmeros trabalhos em que se descrevem, analisam e discutem elementos dos saberes da ação pedagógica de professores de Matemática da escola e, em muitos deles, há referências explícitas ao fato de que a prática profissional desempenha um papel fundamental na estruturação dos saberes docentes (Leinhardt, 1989; Bromme, 1994; Llinares, 1998; Fiorentini; Miorim, 2001; Fiorentini; Jiménez, 2003, entre outros).

À medida que se desenvolvem estudos sobre os saberes mobilizados pelos professores na ação pedagógica na escola, abrem-se possibilidades concretas para que se possa desenvolver a formação na licenciatura com base em uma relação de complementaridade com o processo de produção de saberes da prática docente escolar. Gauthier *et al.* (1998) expõem e criticam duas visões extremas concernentes às possibilidades de utilização das pesquisas sobre os saberes da ação pedagógica no processo de formação dos professores: uma que eles chamam de "cientificista radical" e a oposta, a "não cientificista radical". A primeira conceberia o repertório de conhecimentos como se fosse "uma ciência do ensino que, por meio da descoberta de leis, permitiria regular a ação do professor de forma direta. [...] Uma vez estabelecido, esse repertório de conhecimentos poderá determinar a ação pedagógica e até mesmo as políticas educativas" (GAUTHIER *et al.*, 1998, p. 298). No outro extremo, a ideia de um repertório de conhecimentos é inteiramente rejeitada. Para a concepção não cientificista radical, a prática profissional do professor seria demasiado complexa; não pode, portanto, realizar-se obedecendo a critérios ou regras preestabelecidas pela ciência. Gauthier *et al.* adotam, então, uma posição de síntese e esclarecem que, para eles,

> [...] os resultados da pesquisa não podem determinar a ação a ser empreendida, mas simplesmente informar o professor, levá-lo a refletir sobre o que acontece e sobre o que ele poderia fazer [...] (p. 300).
>
> [...] Nessa perspectiva, um dos papéis da pesquisa consiste em recolher o saber prático e em validá-lo [...] De fato, nem todas as práticas dos professores são automaticamente adequadas; algumas se mostram provavelmente mais eficazes que outras. Um repertório de conhecimentos do ensino não pode assim se reduzir à simples compilação das práticas pedagógicas, mas deve ser constituído de saberes, de conhecimentos e de julgamentos dos professores que foram submetidos a uma validação científica. Essa validação [...] pode ser realizada por meio de estudo dos efeitos de certas práticas docentes sobre os alunos; é o método clássico das pesquisas processo-produto. A validação também pode ser feita através do julgamento dos colegas de profissão e da confrontação de pontos de vista. Em todos os casos, entretanto, a experiência deve abandonar o seu caráter privado e passar para o domínio público para ser examinada, analisada, criticada (IBID., p. 303).

Tardif, na mesma direção de Gauthier *et al.*, afirma que os saberes da ação pedagógica podem constituir um elemento fundamental na licenciatura desde que uma reavaliação do papel da prática docente escolar venha a colocá-la no centro de gravidade do processo de formação. Essa nova visão da prática no processo de formação, segundo ele, faria com que a inovação, o olhar crítico e a teoria estivessem vinculados às condições reais de exercício da profissão; contribuiria, assim, para a sua transformação. Trata-se, ainda segundo esse autor, de extrair, do estudo da prática, princípios, conhecimentos e competências que poderão ser reutilizados na formação dos professores (Tardif, 2002, p. 289-290).

"Não saberes" associados à prática docente

A nosso ver, uma questão fundamental no contexto da análise das conexões entre a prática docente, a formação na licenciatura e a Matemática Escolar é a seguinte: a prática produz saberes; ela produz, além disso, uma referência com base na qual se processa uma seleção, uma filtragem ou uma adaptação dos saberes adquiridos fora dela, de modo a torná-los úteis ou utilizáveis. Mas será que a prática ensina tudo?

Coloquemos a questão alternativamente nestes termos: o processo de formação na licenciatura em Matemática veicula certos saberes que são considerados "inúteis" para a prática docente. Do mesmo modo, trabalha outros saberes "de forma inadequada", com referência a essa prática. Além disso, muitas vezes se recusa – justificando-se de variadas formas, entre as quais a utilização tácita do argumento de que isso não é objeto da matemática universitária – a desenvolver uma discussão sistemática com os licenciandos a respeito de conceitos e processos que são fundamentais na educação escolar básica em Matemática (no Capítulo III veremos vários exemplos). Pode-se imaginar que, no caso de saberes inúteis, o problema poderia ser contornado através da eliminação criteriosa daquilo que fosse considerado sem sentido para a ação pedagógica na sala de aula da escola. Mas, no caso em que saberes fundamentais à prática pedagógica escolar não são devidamente discutidos no processo de formação, a que tipo de recurso pode recorrer o professor? Esse "não saber" proveniente de deficiências da formação inicial incorpora-se à prática ou é superado pelo simples exercício da experiência profissional? A prática docente seria autossuficiente em relação à produção dos saberes necessários ao seu exercício, isto é, ela sempre responde convenientemente às próprias questões que coloca? A literatura da área, quando examinada sob a perspectiva de análise dessa problemática, oferece ampla fundamentação à tese de que a prática docente escolar não pode ser considerada uma instância capaz de induzir a produção de todos os saberes associados à ação pedagógica do professor. Sendo assim, a nossa reflexão sobre esse ponto é a seguinte: do mesmo modo que se coloca, para o processo de formação do professor, a questão de conhecer a natureza do saber produzido na prática docente, há que se compreender também a natureza dos "não saberes" associados a essa mesma prática. Mas, para isso, é preciso situar esses "não saberes" no interior do processo de educação matemática escolar ao invés de concebê-lo, pura e simplesmente, como uma falta em relação ao conhecimento matemático científico. Do mesmo modo que os saberes produzidos na experiência docente não são vistos como contribuição ao conhecimento matemático científico, esses "não saberes" também devem ser situados em relação à Matemática Escolar e não à Matemática Acadêmica.

Mas, qual seria a diferença entre compreender esse "não saber" como "falta" em relação à Matemática Científica e alternativamente analisá-lo tomando como referência a futura prática profissional do licenciando? Examinemos, como uma ilustração, o exemplo dos decimais. Do ponto de vista da Matemática Científica, o decimal é apenas uma forma de *representação*. Se não é importante o que seja efetivamente um número real – a abstração fundamental é aquela que o capta como elemento de uma estrutura específica, isto é, corpo ordenado completo – menos importante ainda seria uma das formas de representá-lo, especialmente se lembrarmos que um mesmo número real pode ter mais de uma representação decimal. Do ponto de vista da Matemática Escolar, entretanto, é impossível pensar em número sem pensar em forma decimal. Esta, em certas situações do ensino escolar, é muito mais que uma simples representação – ela é o número.

A identificação que o aluno faz de um conceito abstrato com sua representação concreta é a expressão de uma fase necessária e fundamental do seu aprendizado. Em certo estágio da sua relação cognitiva com um determinado conceito, essa identificação parece ser a forma possível de apreendê-lo. O desenvolvimento do processo deve conduzir a uma relação qualitativamente nova: a identificação com uma forma concreta não é mais um expediente precário e provisório de apreensão do conceito, mas, ao contrário, ela resulta agora de um amplo domínio, de uma capacidade de flexibilização que permite – como num processo metonímico – ora tomar uma forma concreta de representação em lugar do próprio conceito, ora a operação inversa, de acordo com as circunstâncias. Assim, se o professor da escola básica tem, para si mesmo, uma percepção confusa da distinção entre a noção abstrata de numero real e uma de suas formas concretas de representação – a forma decimal – temos aí um exemplo do tipo de "não saber" a que estamos nos referindo. Mas, pensar esse "não saber" como falha conceitual em relação à Matemática Científica caracteriza um reducionismo que acaba por desviar a formação do professor para a discussão do "conteúdo" em sua forma abstrata e acadêmica, secundarizando as questões concretas a serem efetivamente enfrentadas na prática docente escolar.

Síntese

Os condicionantes do processo de escolarização básica acabam por conformar uma lógica tácita, a qual orienta a incorporação dos diferentes saberes à Matemática Escolar. É no contexto de interação com essa lógica da prática escolar que a lógica interna da Matemática Científica, seus valores, seus métodos, suas técnicas e seus resultados passam por um processo de adaptação, filtração, revalorização e transformação, tendo como referência – implícita ou explícita – o ambiente educativo em que essas operações se realizam. Não se trata, entretanto, de procurar transportar integralmente para o processo de formação do professor de Matemática na licenciatura a lógica da prática escolar, até porque, como aprendemos com Schön (1983), isso é impossível. Trata-se de pensar o processo de formação do professor a partir do reconhecimento de uma tensão – e não identidade – entre educação matemática escolar e ensino da Matemática Acadêmica elementar.

O conhecimento trabalhado em qualquer processo de ensino é, em si mesmo, educativo e formativo. Isso parece óbvio, mas a aceitação dessa tese implica a necessidade de uma análise cuidadosa das relações entre o tipo de conhecimento que se trabalha no processo de formação do professor da escola e o modo como ele vai "absorver as lições" da prática profissional, ou seja, as formas de inserção no processo de produção de saber e os valores que orientam sua percepção das questões que se colocam na prática. Nesse sentido, é importante pensar a questão da complementaridade entre os saberes da formação e as questões da prática. E é então que faz toda a diferença optar entre as formas de se conceber a Matemática Escolar. Se a pensamos de uma perspectiva estritamente técnica, como mera versão "didatizada" da parte elementar da Matemática Científica, o processo de formação do professor acaba se estruturando em torno desta última. A formação pedagógica se incumbiria somente de "fornecer o lubrificante", como diz Chervel, para o processo de ensino e a prática se tornaria apenas a instância de aplicação dos saberes da formação ou, no máximo, uma referência para a detecção de elementos que podem conduzir a um "desvio" do desempenho *ideal* do professor. Se, por outro lado, concebemos a Matemática Escolar como uma construção autônoma da prática escolar e esta como uma instância autossuficiente em termos da produção dos saberes profissionais, então não há muita coisa a ser feita, ou melhor, não faz diferença o que se faça no processo de formação do professor. Mas, se pensamos a Matemática Escolar como uma construção histórica que reflete múltiplos condicionamentos, externos e internos à instituição escolar, e que se expressa, em última instância, nas relações com as condições colocadas pelo trabalho educativo na própria sala de aula, então a referência da prática profissional efetiva dos professores assume um papel central no processo de formação. É uma análise adequada das questões que se colocam dentro dessa prática – em seus diferentes aspectos: de produção, de seleção, de adaptação, de transmissão e de carência de saberes – que pode fornecer os fundamentos para se pensar criticamente todo o processo de formação.

Capítulo III

O conhecimento sobre os números e a prática docente na escola básica

Neste capítulo examinamos uma série de questões referentes ao conhecimento matemático sobre os números, com as quais o professor se depara, implícita ou explicitamente, no seu trabalho docente na escola básica. Ao identificar o tipo de saber matemático associado ao tratamento escolar dessas questões e ao confrontá-lo com a Matemática Acadêmica, normalmente veiculada nos cursos de formação inicial do professor, constatamos uma forma específica de distanciamento entre formação e prática. Nas três seções que compõem o capítulo discutimos um conjunto amplo de exemplos que tipificam essa forma, procurando avançar na compreensão de sua característica geral. Abordaremos, em primeiro lugar, o conjunto dos números naturais, em seguida o dos racionais e, finalmente, trataremos de alguns aspectos relativos aos números reais.

Os números naturais

Como se sabe, as ideias fundamentais que vão se desenvolver até a formação do conceito de número natural começam a ser elaboradas muito cedo pelas crianças, a partir principalmente de atividades associadas à contagem e à ordenação de objetos. As operações de adição, subtração, multiplicação e divisão de naturais também têm, em geral, significados fortemente associados a uma diversidade de situações da vida cotidiana. É possível que uma discussão aprofundada dos processos de aquisição pela criança dos conceitos relativos às quatro operações com os números naturais seja mais imprescindível num curso de formação de professores para as séries iniciais do Ensino Fundamental do que na licenciatura. Contudo, ao desconsiderar o tratamento de questões referentes aos *significados e propriedades dessas operações, aos algoritmos correspondentes e ao sistema de numeração decimal*, o curso de licenciatura remete a outras instâncias de formação a elaboração de saberes que são fundamentais na futura prática profissional de seus alunos. É verdade que o licenciado em Matemática, de modo geral, não irá trabalhar com alunos das séries iniciais, onde esses tópicos são apresentados numa primeira abordagem escolar do tema. Entretanto, uma separação acentuada entre a formação para o trabalho docente nas séries iniciais e finais do Ensino Fundamental pode contribuir para intensificar, ainda mais, a descontinuidade que se observa na passagem dos primeiros para os últimos ciclos desse estágio do processo de escolarização. Isso, por si só, já coloca uma demanda no sentido de que o licenciado conheça a Matemática que é trabalhada nas séries iniciais.

No entanto, o fato mais importante é que, a partir do início do segmento do ensino básico em que atua (quinta série do Ensino Fundamental), o licenciado em Matemática estará retomando e ampliando todo o trabalho com os números naturais desenvolvido nos ciclos anteriores. Esses números agora serão vistos como elementos de um conjunto que, por exemplo, contém a soma e o produto de quaisquer dois deles, mas não contém sempre a diferença ou a divisão; promover-se-á a percepção de relações entre eles (números primos e compostos, múltiplos, divisores, máximo divisor comum, mínimo múltiplo comum, etc.) e eventualmente serão estendidas – num processo pedagógico extremamente complexo – as operações, seus significados e suas propriedades para os inteiros negativos, para os racionais e, a partir destes, para os reais. No desenvolvimento de cada etapa desse processo de expansão, o professor terá que conhecer profundamente, de um ponto de vista relevante para a sua prática, os conjuntos que os alunos consideram como o universo numérico nos diferentes estágios da vida escolar. O professor terá que lidar também com dúvidas e concepções incorretas que vão se referir tanto ao novo conjunto, mais amplo, quanto ao conjunto mais restrito, aquele supostamente conhecido, que está sendo ampliado. Essas dúvidas e falhas conceituais que aparecem frequentemente entre os alunos podem ser associadas a dois aspectos do processo de aprendizagem escolar dos sistemas numéricos, os quais tendem a se sobrepor. O primeiro aspecto refere-se ao fato de que, do ponto de vista da aprendizagem escolar, a aritmética dos naturais é um tema complexo, e sua apreensão em níveis considerados satisfatórios não se esgota no processo que se desenvolve ao longo das séries iniciais. Assim, o professor terá que lidar com dificuldades de aprendizagem desse tema que, muitas vezes, acompanham o aluno até o final do Ensino Fundamental. O segundo aspecto refere-se ao processo de acomodação do conhecimento "novo" e de construção de um estágio diferenciado de compreensão do conhecimento "antigo".

Estudos como o de Margaret Brown, dentro do programa de pesquisa *Concepts in Secondary Mathematics and Science - CSMS* (Inglaterra), deixam claro que uma série de dificuldades com os números naturais se manifesta até o final do período escolar que equivaleria, no Brasil, ao Ensino Fundamental. Por exemplo, quando foi pedido aos alunos ingleses (em idades que corresponderiam, aqui, aos últimos ciclos do Ensino Fundamental) que escrevessem, em dígitos, o número quatrocentos mil e setenta e três, o índice de acertos foi baixo, como vemos na Tab. 1.

Tabela 1 – Escrever número em dígitos

Idade (anos)	Respostas corretas (%)
12	42
13	51
14	57
15	57

Fonte: BROWN, 1981a, p. 50.

Em outra questão, em que era pedido o valor relativo do 2, no número 521.400, o índice de acertos também foi baixo, como mostra a Tab. 2:

Tabela 2 - Valor relativo do 2 em 521.400

Idade (anos)	Respostas corretas (%)
12	22
13	32
14	31
15	43

Em outra questão ainda, em que se pedia para efetuar a subtração 2.312 - 547, o índice de acertos foi o que se vê na Tab. 3:

Tabela 3 - Conta 2.312 - 547

Idade (anos)	Respostas corretas (%)
12	42
13	51
14	57
15	57

No Brasil, utilizando teste escrito e entrevistas com um total de 1.270 alunos de 3ª a 6ª séries do Ensino Fundamental, em Belo Horizonte e no Rio de Janeiro, Moren *et al.* (1992) confirmam a permanência de dificuldades com a subtração de números naturais em todos os estágios pesquisados. Os dados indicaram também que, em todas as séries, as questões referentes ao sistema de numeração foram as que apresentaram maior dificuldade.

Dickson *et al.* (1993) descrevem e analisam, do ponto de vista do ensino-aprendizagem escolar, diferentes aspectos do conhecimento matemático subjacente à construção e ao uso do sistema decimal: a noção de agrupamento, a linguagem envolvida na leitura dos números, a ideia de valor relativo do algarismo tendo em vista a sua posição (de modo especial o caso do zero), soma e subtração mentais e estimativas de resultados das operações, decomposição de números ou reagrupamento, multiplicação e divisão por potências de 10. As autoras se referem também a uma diversidade de pesquisas empíricas que convergem para a conclusão de que o domínio do sistema decimal de numeração é um processo que se desenvolve ao longo de todo o Ensino Fundamental e que é um dos aspectos mais complicados da aprendizagem a respeito dos números.[2]

Ao sintetizar a seção do livro em que discutem o assunto, elas escrevem:

> [...] existem muitas facetas no processo de compreensão do sistema posicional de numeração. Evidências sugerem que algumas das idéias envolvidas não são de fácil domínio [...] Há indicações de que erros e idéias incorretas se desenvolvem tanto nas séries iniciais como nas seguintes e, de fato, o domínio desse assunto é incompleto até o fim do quarto ano da escola secundária (Dickson *et al.*, 1993, p. 221).*

Em relação às propriedades das operações com os naturais, estudos indicam que, em sua prática docente na escola, o professor não deve tomar como evidente o fato de que a vezes b resulta no mesmo valor que b vezes a. O mesmo se poderia dizer a respeito da associatividade: em situações do ensino escolar, não é óbvio que a vezes bc dê o mesmo resultado que ab vezes c. Virginia Brown relata como a questão da comutatividade do produto aparece como dúvida genuína numa sala de 3ª série nos Estados Unidos e descreve como ela, na condição de professora, pôde ajudar os alunos na construção de um entendimento fundamentado dessa propriedade (Brown, 1996). A fundamentação é realmente importante tendo em vista que, muitas vezes, a criança aceita, por exemplo, a comutatividade da adição e da multiplicação e, na falta de um entendimento mais abrangente

[2] Entre essas pesquisas, as autoras citam um estudo de Luria, publicado em 1969, mas realizado no período da Segunda Grande Guerra: investigando um tipo de lesão cerebral que acarreta certa dificuldade de lidar com números (em inglês, dyscalculia), ele chegou à conclusão de que os efeitos da doença refletem a ordem inversa de apreensão dos conceitos: os aspectos mais difíceis e menos solidamente fixados são afetados em primeiro lugar pela doença. E em todos os seus pacientes, Luria constatou que as noções referentes ao sistema posicional de numeração foram as primeiras a serem afetadas (cf. DICKSON *et al.*, 1993, p. 208).

dos significados das operações, transfere indevidamente a mesma propriedade para a subtração e a divisão. Um estudo de Margaret Brown detecta esse tipo de procedimento em alunos da escola inglesa, num estágio que corresponderia, no Brasil, à quinta e sexta séries do Ensino Fundamental. A autora relata que, num problema que envolve a divisão de dois números naturais, 36% das crianças de 12 anos deram como resposta 26 ÷ 286, enquanto apenas 34% responderam corretamente 286 ÷ 26 (Brown, 1981b, p. 38). A pesquisadora infere, com base em entrevistas, que a tendência geral entre os alunos que responderam na forma invertida (26 ÷ 286), era pensar que as duas alternativas eram idênticas. De todo modo, nas conclusões desse estudo ela afirma que, no máximo, 30% dos alunos de 12 anos da amostra reconheciam que a divisão não era comutativa. E destaca que os professores cometem um grande erro quando partem do princípio de que os conceitos e ideias matemáticas relativas às operações com os naturais foram apreendidas nas séries iniciais.

Por outro lado, como já foi observado, o processo de ampliação dos conjuntos numéricos que se desenvolve a partir da quinta série do Ensino Fundamental vai colocar para o professor a questão da extensão das operações com os naturais para um campo numérico mais amplo – o dos racionais. No relato de um abrangente estudo, incluindo avaliações dos alunos em diferentes estágios de aprendizagem, Behr *et al.* (1983) comentam que são comuns regressões significativas em relação ao conhecimento sobre os naturais, quando se desenvolve o processo de construção da noção de número racional. Segundo esses autores, os conceitos trabalhados anteriormente devem ser não só relembrados, mas progressivamente integrados a um sistema de ideias mais complexas.

Fica claro que os conhecimentos matemáticos associados à discussão dos significados das operações com os naturais, da validade de suas propriedades básicas e das várias questões referentes ao sistema decimal de numeração são parte importante dos saberes profissionais docentes. Mais do que isso, esses conhecimentos profissionais não se reduzem à Matemática *certa*, do ponto de vista da Matemática Acadêmica. Uma vez que, na prática escolar, o professor estará lidando com alunos de diferentes séries e ciclos do Ensino

Básico, o processo de apreensão dos conceitos vai se encontrar em diferentes estágios de elaboração entre esses alunos. O desenvolvimento de uma visão flexível e multifacetada do conhecimento matemático pode contribuir decisivamente para que o professor seja capaz de dialogar com seus alunos, de reconhecer e validar, quando for o caso, certos pontos de partida adotados para a construção de um conceito ou de avaliar uma determinada elaboração conceitual como adequada para certo estágio, ainda que se mostre necessária uma reelaboração em estágios posteriores.

Entretanto, de modo geral, as operações de adição e multiplicação de naturais e suas propriedades são tomadas como "fatos conhecidos", saberes anteriores aos pontos de partida dos programas e ementas curriculares das licenciaturas. Uma decisão curricular dessa natureza se ajusta perfeitamente à visão que Courant e Robbins, expõem logo na primeira página do primeiro capítulo de sua conhecida obra, em que procuram explicar "o que é a Matemática":

> Por sorte, os matemáticos não têm que se ocupar com o aspecto filosófico da transição que proporciona a passagem de coleções de objetos concretos ao conceito abstrato de número. Consideraremos, portanto, como dados, os números naturais, juntamente com as duas operações fundamentais, adição e multiplicação, mediante as quais eles podem ser combinados (Courant; Robbins, 1964, p. 8).*

Os matemáticos, na condição de produtores de conhecimento de fronteira, realmente não têm que se ocupar com a questão da construção do conceito de número e nem com a questão dos significados das operações elementares com os naturais. Mas, assumir a posição do matemático diante dessas questões e desenvolver o processo de formação matemática num curso de licenciatura a partir de um ponto em que o conjunto dos naturais é considerado *dado*, juntamente com as operações de adição e multiplicação, significa ignorar questões postas pela própria prática profissional para que se pretende formar o licenciando. Estabelece-se assim uma forma de desconexão entre os conhecimentos da formação e as questões da prática escolar.

É importante observar ainda que, em termos da prática docente escolar, uma compreensão significativa do conjunto dos números naturais não é produzida automaticamente como resultado do estudo desse conjunto utilizando-se uma abordagem formal e lógico-dedutiva, em que se definem as operações, tomam-se certos fatos como "princípios", e os outros são demonstrados rigorosamente como consequência. Conhecer as operações num sentido relevante para o ensino escolar é muito diferente de conhecer a cadeia que estabelece a dependência lógico-formal entre as propriedades estruturais das operações, os postulados, as definições e os conceitos primitivos adotados. O conhecimento dos números naturais como uma estrutura lógico-formal não substitui – em alguns casos chega até a esconder, através de uma assepsia que elimina tudo que não é considerado essencial – o conhecimento desse conjunto como objeto de ensino escolar. Posto de outra forma, o essencial a respeito dos números naturais, do ponto de vista da Matemática Científica, nem sempre coincide com aquilo que é considerado essencial, da perspectiva da Matemática Escolar. F.B. Knight, já em 1930, comenta que "quando a Aritmética é analisada do ponto de vista do seu aprendizado pela criança, um conjunto diferente de critérios deve ser usado na avaliação do que seja dominar o assunto" (Knight, 1930, p. 161).*

Do ponto de vista segundo o qual se desenvolve o processo de formação matemática nas licenciaturas, os números são objetos abstratos, desde o princípio concebidos e tratados como tais. As operações e suas propriedades básicas não se conectam a situações concretas que contribuam para o desenvolvimento dos processos de negociação de significados na escola. Elas se prestam, fundamentalmente, a esclarecer e informar sobre a estrutura aritmética do conjunto *N*. Na prática docente escolar, no entanto, as operações aritméticas básicas são usadas também, até certo estágio do desenvolvimento da criança, como instrumento de apoio no processo de construção do próprio conceito abstrato de número. De fato, uma das grandes questões pedagógicas no trabalho com as operações elementares no ensino escolar é a construção de significados para elas e o desenvolvimento da capacidade de identificação – mediante estratégias que envolvem, entre outros elementos, um certo domínio da língua materna – das situações em que uma determinada operação, e não outra, fornece a resposta correta para um dado problema (Dickson *et al.*, 1993; Hart, 1981; Carpenter; Moser, 1983; Greer, 1992). Nesses casos, os números se referem sempre a objetos concretos. E a resolução correta do problema, ao mesmo tempo que traduz uma relação flexível com a ideia de número – uma abstração que se concretiza em situações específicas – pode ser também mais um exercício de construção dessa relação de flexibilidade. Sobre esse ponto, mais uma vez, os estudos de Margaret Brown no projeto CSMS fornecem dados interessantes. Quando ela pediu a uma amostra de cerca de 500 alunos de 11 anos de idade que inventassem um problema cuja solução fosse dada por uma determinada conta, o resultado foi o seguinte:

Tabela 4 – Inventar um problema para uma dada conta

Conta	Respostas considerada corretas (%)
84 - 28	42
9 + 3	51
84 + 28	57
9 x 3	57
84 x 28	31

Fonte: Brown, 1981b, p. 40.

Além de a multiplicação ter se mostrado mais difícil que a divisão – embora em termos da execução do algoritmo ela seja considerada mais fácil – os resultados indicam que números grandes causam maiores problemas. Vê-se, assim, que o conceito de número ainda não chegou ao nível de abstração em que diferenças desse tipo não mais importam. A mesma autora, em sua tese de doutorado, atribui a maior dificuldade com o significado da multiplicação e da divisão à estrutura dessas operações. Segundo ela, numa determinada situação-problema, os números que são somados ou subtraídos referem-se a objetos similares que são combinados ou dissociados. Por exemplo, para a conta 2 + 3 pode-se pensar em 2 (carros)+ 3 (carros) = 5 (carros). Nos casos da multiplicação e da divisão, de modo geral, não só os objetos envolvidos são de classes diferentes, como também, em cada caso, cada objeto de uma classe tem de ser associado a um correspondente conjunto de objetos de outra classe. Para a conta 2 x 3, por exemplo, teríamos que considerar agrupamentos do seguinte tipo: duas pessoas, a cada pessoa três carros, 2 x 3 carros no total (Dickson *et al.*, 1993, p. 232). Vê-se que a criança, em certo estágio de elaboração do conceito abstrato de número, ainda se prende de modo pouco flexível à grandeza (carros, pessoas, carros por pessoa) a que ele se refere, e isso pode provocar dificuldades no processo de produção de significado para a operação.

No trabalho escolar, é importante que o professor seja capaz de envolver os alunos em um leque de situações didáticas adequadas, isto é, situações que se colocam como *problemas* e que, de algum modo, desafiem os seus saberes anteriores, conduzindo à reflexão sobre novos significados e novos domínios de uso desses saberes. Nesse processo dialético conjugam-se dois aspectos da aprendizagem: desenvolve-se uma *diversificação* dos significados concretos dos objetos matemáticos e uma progressiva *integração* desses significados numa forma abstrata, cujo sentido é potencializar as possibilidades de uso em novas situações concretas. No caso dos números naturais, das operações básicas e suas propriedades, o tratamento desses objetos a partir das definições formais e das deduções rigorosas constitui, de fato, uma abordagem que elimina a dialética descrita acima. As definições e as propriedades formais das operações são expressões últimas da *identificação* de todos os seus significados concretos. Posto numa forma extrema, isso significa que, da perspectiva puramente formal, não cabe a discussão sobre diferentes significados para a adição nem para a multiplicação de números naturais: essas operações estão definidas, e dessas definições seguem as propriedades. Formalmente, isso é tudo o que interessa.

De modo geral, nos cursos de licenciatura a divisão de números naturais é abordada num contexto em que o fundamental é a existência e unicidade do quociente e do resto. Em outras palavras, trata-se de demonstrar rigorosamente (isto é, a partir do princípio da boa ordem em *N* ou de seu equivalente, o princípio da indução) a seguinte proposição, conhecida como o *Lema da Divisão de Euclides*:

dados dois naturais a e b, com $b > 0$, existem dois naturais q e r tais que $a = bq + r$ e $0 \leq r < b$. Para cada par a,b dado, os naturais q e r são univocamente determinados.

Se o horizonte é desenvolver uma percepção do conjunto dos inteiros e do conjunto dos polinômios sobre *Q*, *R* ou *C* como exemplos elementares da estrutura *anel euclidiano*, então o essencial no estudo da divisão de naturais é, realmente, o referido argumento da existência e unicidade. A cadeia de resultados, que começa com o Lema da Divisão, passa pela expressão do máximo divisor comum de dois elementos como combinação linear deles e vai até o teorema da decomposição única em fatores primos, deve ser cuidadosamente construída para que a adaptação dos argumentos a conjuntos mais gerais, em que não se pode trabalhar com as noções de *maior* e menor como se faz nos naturais, traga à luz o máximo de generalidade com que se podem pensar essas ideias[3] (Herstein, 1970, p. 126-153). Desse modo, certos resultados referentes ao conjunto dos inteiros e dos polinômios são vistos como expressões concretas e particulares das características de uma estrutura matemática mais geral – a dos anéis euclidianos. Mas, como vimos, do ponto de vista da prática docente na escola básica, o saber essencial sobre os naturais refere-se a outras questões. A visão que unifica formalmente a estrutura dos inteiros e a dos polinômios não parece adequada ao tratamento escolar das questões referentes à produção de significados para os elementos que compõem essas estruturas (as operações, suas propriedades, etc.).

Além da questão dos significados das operações com os naturais, do uso desses significados na resolução de problemas, da extensão da ideia de número para incluir os inteiros, racionais e reais, o professor

---

[3] Observe-se, nesse sentido, a definição de máximo divisor comum de dois inteiros positivos dada em Birkhoff e MacLane (1980, p. 19): em lugar da formulação natural, mais simples, direta e descritiva que seria "o maior número que divide os dois" – encontrada em praticamente todos os textos escolares – opta-se por outra que caracteriza o m.d.c. como o número natural d que satisfaz a duas propriedades:

a) d é um divisor comum dos números dados;

b) Todo divisor comum dos números dados é divisor de d.

Esta última forma teria a vantagem de ser generalizável para domínios não ordenados, ao mesmo tempo que explicitaria o "essencial" da noção.

da escola básica vai enfrentar, ainda, o problema do ensino dos algoritmos para encontrar os resultados das operações. O uso dos algoritmos formais para as operações básicas, diferentemente do uso das calculadoras, traz à tona a questão da lógica do seu funcionamento e coloca, para o professor da escola, a necessidade de uma percepção clara dos princípios em que se baseia a sua justificativa, ou seja, a explicação das razões pelas quais eles fornecem os resultados corretos. Estudos sugerem que muitos dos erros cometidos pelos alunos ao utilizarem os algoritmos têm origem no fato de o estudante não entender a lógica segundo a qual o algoritmo funciona (Baroody, 1987; Dickson *et al.*, 1993).

Em relação ao algoritmo da divisão, por exemplo, Knight faz o seguinte comentário ao analisar uma lista com doze exemplos de divisão de números naturais:

> Do ponto de vista matemático, os exemplos são todos iguais. Todos são exemplos de divisão de naturais e isto é tudo que há para ser dito. Do ponto de vista do ensino, entretanto, existem importantes diferenças *entre eles* (Knight, 1930, p. 161).*

E prossegue explicitando algumas das diferenças entre os doze casos apresentados: um deles contém dificuldades do tipo "vai 1" em alguma das multiplicações que aparecem no processo de execução do algoritmo; em outro caso aparece o dígito zero "no meio" do quociente; outro apresenta dificuldades no momento de estimar o valor do primeiro dígito do quociente, etc.

Considerando-se, hoje em dia, o uso mais ou menos generalizado das calculadoras, especialmente no cotidiano extraescolar, os algoritmos para as operações fundamentais já não desempenham o mesmo papel no ensino que desempenhavam em 1930. Mas, de todo modo, a questão que se coloca para um curso de licenciatura atualmente refere-se à necessidade de se discutir os algoritmos para as operações elementares com base na realidade do processo de ensino e do aprendizado escolar. Dessa perspectiva, observa-se, antes de qualquer outra coisa, que ainda hoje não há consenso na discussão sobre as formas de utilização das calculadoras nas salas de aula da escola, especialmente quando se relaciona essa utilização com a eliminação do ensino dos algoritmos. De todo modo, o fato a se destacar é que para participar com autonomia das discussões que eventualmente se desenvolvam a respeito do assunto em sua escola, o futuro professor deverá, no mínimo, conhecer como os algoritmos funcionam, a lógica operacional deles, as possíveis dificuldades dos alunos na sua utilização, etc. Assim, o conhecimento sobre os algoritmos formais ainda continua sendo parte da demanda da prática profissional docente na escola básica hoje e, consequentemente, essa questão se coloca, também, para o processo de formação na licenciatura. No entanto, ela quase nunca é discutida nesses cursos.

Os números racionais

Do ponto de vista da preparação do futuro professor para o trabalho pedagógico de construção dos números racionais nas salas de aula da escola, a abordagem que se desenvolve na licenciatura pode ser também submetida a fortes questionamentos. Ao longo do processo de formação matemática do professor, o conjunto dos racionais é visto como um objeto extremamente simples, enquanto as pesquisas mostram que, em termos da prática docente, a sua construção pode ser considerada uma das mais complexas operações da Matemática Escolar.

> Os conceitos associados aos números racionais estão entre as idéias mais complexas e importantes que as crianças encontram ao longo dos primeiros anos de escolarização. A importância desses conceitos pode ser vista a partir de diferentes perspectivas: (a) do ponto de vista prático, a habilidade de lidar com esses conceitos aumenta enormemente a capacidade da criança de compreender e manejar uma série de situações dentro e fora da escola; (b) de uma perspectiva psicológica, os números racionais constituem um cenário rico para um contínuo desenvolvimento intelectual; (c) do ponto de vista da matemática, o entendimento dos números racionais provê os fundamentos sobre os quais as operações algébricas elementares podem ser desenvolvidas. [...] o conceito de número racional envolve um rico conjunto de

> subconstrutos e processos integrados, relacionados a uma gama de conceitos elementares, mas profundos (por exemplo, medida, probabilidade, sistemas de coordenadas, gráficos, etc.). [...] esses conceitos aparecem implícitos numa variedade de problemas e são frequentemente considerados "fáceis", quando, de fato, muitos deles se desenvolveram tardiamente na história da ciência e não são nada óbvios para aqueles que não os tenham já assimilados [...] (Behr *et al.*, 1983, p. 91-92).*

Um dos aspectos fundamentais que distingue as construções formais de *Z*, *Q* e *R* – a partir de *N*, *Z* e *Q*, respectivamente – das sucessivas extensões dos conjuntos numéricos que se desenvolvem no processo de escolarização básica é o fato de que essas construções da Matemática Científica visam produzir uma abstração que expresse formalmente as características *essenciais* de um objeto que, a menos da construção formal, já é conhecido. De fato, as várias construções de *R* a partir de *Q*, por exemplo, têm em comum a qualidade de expressar o que já se sabia ser *essencial* em *R*, ou seja, a sua estrutura de corpo ordenado completo. É por isso que não interessa o que seja cada elemento: se um corte de Dedekind, uma classe de equivalência de sequências de Cauchy, etc. O que interessa é a estrutura do conjunto construído, isto é, as relações que os elementos mantêm entre si.

As extensões numéricas que se operam na escola são de natureza totalmente diferente já que o conjunto e a estrutura que resultam do processo de extensão apresentam-se como um universo genuinamente novo para o aluno. Essa *novidade* constitui um elemento fundamental na conformação da prática docente e afeta decisivamente o tratamento didático-pedagógico das várias etapas desse processo. Por exemplo, no caso da ampliação dos naturais aos racionais positivos, o professor tem que levar em conta que a criança, até certa altura da sua vida escolar, apenas reconhece como números os inteiros positivos. Assim, a aquisição da noção abstrata de número racional está associada a um longo processo de elaboração e reelaboração, quase que elemento a elemento. O professor da escola básica tem que trabalhar com os significados concretos das frações e outros subconstrutos para que o aluno alcance, eventualmente, a ideia abstrata de número racional, mas esse processo de construção da abstração não tem como resultado apenas a demonstração da possibilidade de se exibir formalmente um conjunto com as características *essenciais* (e já concebidas) dos racionais. Ao contrário, este conjunto numérico ampliado, assim como as relações entre seus elementos (os *novos* números), as *novas* formas de representação, a *nova* ordem, as *novas* operações e suas *novas* propriedades, são conhecimentos *novos* a serem processados e, eventualmente, assimilados.

No livro *Análise I* (Figueiredo, 1975), frequentemente utilizado como referência nos cursos de licenciatura, logo na terceira página do Capítulo I, apresentam-se os símbolos *N*, *Z* e *Q* para os conjuntos dos números naturais, inteiros e racionais, respectivamente. O autor observa, então, que não está no programa do livro fazer um estudo sistemático desses três conjuntos numéricos. E faz, de passagem, o seguinte comentário:

> Como o leitor deve observar, os números racionais nada mais são que as frações da Aritmética do curso fundamental. Quando lhe ensinaram a operar com as frações, a rigor, o que se estava fazendo era definir as operações de adição e multiplicação. As propriedades (1) a (6) dessas operações enunciadas a seguir [*propriedades que caracterizam a estrutura corpo – esclarecimento nosso*], apesar de usadas frequentemente, não receberam maior atenção. Isto parece explicável, porque os números inteiros gozam de quase todas essas propriedades. E, na verdade, se construirmos os racionais a partir dos inteiros, tais propriedades podem ser deduzidas facilmente de propriedades análogas para Z. Também foram ensinadas relações do tipo 8/6 = 4/3 e 3/1 = 3. No fundo essas duas relações são escritas por definição e, portanto, não se demonstram. A primeira define a relação de igualdade entre as frações, isto é, p/q = r/s se ps = qr. A segunda igualdade faz uma identificação do conjunto Z com um subconjunto de Q, isto é, com o subconjunto {p/q ∈Q: q = 1}. Portanto, com um certo abuso de linguagem, dizemos que Z é um subconjunto de Q (Figueiredo, 1975, p. 3).

Figueiredo descreve, nesse breve trecho, as ideias fundamentais envolvidas no processo de construção formal dos racionais a partir dos inteiros. Entretanto, como não se propõe a tarefa de desenvolver a construção em detalhes, ele deixa implícita uma série de identificações que, do ponto de vista da nossa análise, consideramos interessante explicitar. Assim, para referência, apresentaremos um esboço da construção a que ele se refere, estabelecendo a correspondência do processo com os comentários de Figueiredo (para maiores detalhes, ver, por exemplo, Landau, 1951):

1) Define-se em $Z \times Z^*$ a seguinte relação de equivalência: $(a,b) \sim (c,d) \Leftrightarrow ad = bc$.
   Note-se a ideia de equivalência de frações, com a substituição da fração a/b pelo par ordenado (a,b). Nos termos de Figueiredo:

   > [...] também foram ensinadas relações do tipo 8/6 = 4/3 e 3/1 = 3. No fundo essas duas relações são escritas por definição e, portanto, não se demonstram. A primeira define a relação de igualdade entre as frações, isto é, p/q = r/s se ps = qr.

2) Define-se Q como o conjunto das classes de equivalência da relação ~, isto é, Q é o conjunto $(Z \times Z^*) / \sim$
   Assim, um número racional é um conjunto de frações equivalentes, ou seja, "os números racionais nada mais são do que as frações da Aritmética do curso fundamental".

3) Definem-se a soma e o produto a partir dos representantes das classes de equivalência e mostra-se que a definição é "boa", isto é, o resultado não depende da escolha dos representantes: $(a,b) + (c,d) = (ad + bc,bd)$ e $(a,b) \times (c,d) = (ac,bd)$. Essas operações possuem seus elementos neutros, satisfazem a propriedade comutativa, associativa, etc., como decorrência imediata da definição e do fato de que essas propriedades valem para os inteiros. Evidentemente, a existência do inverso multiplicativo não decorre da propriedade correspondente para os inteiros, mas segue imediatamente da definição de produto dada acima. Assim,

   > [...] quando lhe ensinaram a operar com as frações, a rigor, o que se estava fazendo era definir as operações de adição e

multiplicação. As propriedades (1) a (6) dessas operações, enunciadas a seguir, apesar de usadas frequentemente, não receberam maior atenção. Isto parece explicável, porque os números inteiros gozam de quase todas essas propriedades. E, na verdade, se construirmos os racionais a partir dos inteiros, tais propriedades podem ser deduzidas facilmente de propriedades análogas para Z.

4) Finalmente, define-se $Z_0 = \{ (a,1), a \in Z \}$ e uma função f: $Z \rightarrow Z_0$ pondo f(x) = (x,1). Prova-se que f é uma bijeção que preserva as operações, isto é, um isomorfismo que identifica a estrutura de *Z* com a de Z_0 (esta última, "herdada" de *Q*). Como Figueiredo coloca,

> a segunda igualdade faz uma identificação do conjunto Z com um subconjunto de Q, isto é, com o subconjunto $\{p/q \in Q\text{: } q = 1\}$. Portanto, com um certo abuso de linguagem, dizemos que Z é um subconjunto de *Q*.

Um aspecto que chama a atenção numa construção desse tipo é a profusão de identificações entre objetos que, da perspectiva da Matemática Escolar, não é conveniente identificar. Perseguindo-se a ideia de captar aquilo que é essencial – do ponto de vista da Matemática Científica – certas diferenças tornam-se irrelevantes, e daí seguem-se as identificações. Por exemplo, a passagem ao quociente na etapa 2 identifica num lance todas as interpretações escolares concretas (os chamados subconstrutos) do conceito de número racional, unificando-os num construto puramente formal: número racional é uma classe de equivalência de pares ordenados de inteiros. Entretanto, Behr *et al.* assinalam enfaticamente a importância do papel das diferentes interpretações no processo escolar de apreensão do conceito de número racional:

> Análises dos componentes do conceito de número racional sugerem claramente um motivo pelo qual uma compreensão completa do conceito envolve um formidável esforço de aprendizagem. O número racional pode ser interpretado pelo menos de seis maneiras diferentes (subconstrutos): comparação parte-todo, decimal, razão, quociente indicado, operador e medida de quantidades contínuas ou discretas. Kieren (1976) defende a

> idéia de que um entendimento completo dos racionais requer, não apenas o entendimento de cada subconstruto separadamente, mas também de como eles se inter-relacionam. Análises teóricas e evidências empíricas recentes sugerem que diferentes estruturas cognitivas podem ser necessárias para lidar com os diferentes subconstrutos.
>
> Vários estudos identificaram estágios no pensamento das crianças sobre os racionais, examinando a gradual diferenciação e progressiva integração de subconstrutos diferentes. Um dos aspectos importantes desses estudos tem sido observar se sujeitos que têm uma determinada performance, num certo estágio, em tarefas relativas a um dado subconstruto, apresentam resultados no mesmo nível em tarefas envolvendo outro subconstruto (Behr *et al.*, 1983, p. 92-93).*

Um outro aspecto que se destaca na concepção formal do conjunto dos racionais refere-se às operações. Assim como os diferentes subconstrutos associados ao conceito de número racional ficam subsumidos na forma abstrata de um conjunto quociente, os significados das operações se eludem nos algoritmos que as definem. De fato, as definições formais das operações com os racionais não passam de algoritmos para o cálculo dos resultados e as propriedades se deduzem imediatamente, como observa Figueiredo, de suas análogas, já estabelecidas entre os inteiros. No entanto, em termos dos significados, as conexões entre as operações nesses dois campos numéricos não se mostram de modo tão claro. Por exemplo, por que $\frac{a}{b}+\frac{c}{d}=\frac{ad+bc}{bd}$, enquanto $\frac{a}{b}\times\frac{c}{d}=\frac{ac}{bd}$? Sabendo-se que $3\times(2+5)=3\times2+3\times5$, por qual motivo deve-se esperar que $\frac{2}{3}\times(\frac{4}{5}+\frac{6}{7})$ seja igual a $\frac{2}{3}\times\frac{4}{5}+\frac{2}{3}\times\frac{6}{7}$? Em outras palavras, por que a propriedade distributiva da multiplicação em relação à adição deve permanecer válida entre os racionais? Em princípio, poderíamos estender as operações para os racionais de modo que algumas das propriedades não se mantivessem. Por que a extensão é feita de um modo e não de outro? E por que permanecem válidas todas as propriedades fundamentais?

Se o objetivo é a formação matemática do professor do ensino básico, a elaboração de respostas para essas perguntas conduz, necessariamente, a uma discussão a respeito dos significados das operações entre os naturais e como elas devem ser estendidas para os racionais de modo a que, no processo, esses significados também se generalizem para o novo campo numérico. A argumentação formal – quando restritas aos inteiros, as operações em *Q* produzem os mesmos resultados que as operações definidas em *Z*; as propriedades das operações em *Q* decorrem imediatamente das definições e das propriedades análogas em *Z* – pressupõe já definidas as operações em *Q* e apenas confirma o fato de que essas definições são "boas", desde que o objetivo predeterminado seja manter válidas as propriedades (comutativa, associativa, distributiva, etc.). Da perspectiva da prática docente escolar, nota-se a insuficiência e a inadequação dessa forma de ver as relações entre os inteiros e os racionais. Reduzido a esse formalismo, o entendimento do processo de extensão dos campos numéricos pode projetar uma visão da Matemática como um jogo, cujas regras são dadas arbitrariamente. Mas ao processo de escolarização básica em Matemática interessa enfatizar que as definições das operações e as propriedades mantidas no novo campo são essas – e não outras – porque a utilização empírica dos novos números impõe isso e não uma decisão arbitrária ou alguma imposição de natureza puramente lógica e "interna" à Matemática. M. Kline comenta essa questão do seguinte modo:

> Quando usamos a adição de frações em situações reais, para somar $1/2$ com $1/3$, por exemplo, nós reduzimos ambas a sextos e então somamos $3/6$ com $2/6$ para obter $5/6$. Entretanto, quando multiplicamos frações, multiplicamos os numeradores e os denominadores de modo que $1/2 \times 1/3 = 1/6$. Poderíamos somar frações somando os numeradores e os denominadores para obter $1/2 + 1/3 = 2/5$. Por que não usamos esse método? É mais simples, mas não se adapta às situações empíricas. Como outro exemplo, poderíamos considerar o produto de matrizes. O uso que se faz das matrizes requer que a multiplicação seja não comutativa, embora fosse possível definir uma multiplicação comutativa de matrizes. Uma vez que a multiplicação deve ser não comutativa, os fundamentos lógicos da teoria se ajustam a esse fato. Portanto, a lógica não dita o conteúdo da matemática; o uso é que determina a estrutura lógica. A organização lógica é posterior e constitui, essencialmente, um ornamento (Kline, 1974, p. 51).*

À medida que se ampliam os conjuntos numéricos e se estendem as operações para os novos campos, os significados dessas operações vão tomando um sentido mais amplo e mais geral e, talvez se possa dizer, mais algébrico. Algumas noções associadas a esses significados permanecem, enquanto outras (por exemplo, a identificação da ideia de multiplicação com a de uma soma iterada) vão sendo progressivamente superadas. Outras, ainda, são simplesmente abandonadas, como a ordem linear, quando se passa dos reais aos complexos. As questões que se colocam para o professor da escola – que vai desenvolver, junto com os alunos, as diferentes etapas desse processo de expansão dos campos numéricos – não se referem às definições algorítmicas das operações ou às demonstrações formais da permanência de suas propriedades no campo ampliado. Ao contrário, referem-se, fundamentalmente, a uma compreensão das *razões* pelas quais as operações com os novos números devem ser efetuadas de um determinado modo e *por que* algumas propriedades permanecem válidas. Uma compreensão tal que permita ao professor conduzir a discussão de uma questão central dentro do processo de escolarização básica em Matemática: *como* estender as operações dos naturais para os racionais positivos e quais as consequências dessa extensão?

Como se observa, a construção do conceito de número racional e o estudo das operações nesse campo numérico enfatizam diferentes aspectos e se apoiam em distintos valores conforme se adote a perspectiva da educação escolar ou a da Matemática Científica. Enquanto esta última funde numa única expressão – a que sintetiza a essência abstrata do conceito, ou seja, aquilo que lhe dá *identidade* como objeto matemático científico – as várias formas de se pensar concretamente a ideia de número racional, a Matemática Escolar faz quase que o caminho inverso. Como vimos, para o ensino escolar é fundamental "decompor" a ideia de razão de inteiros nas suas diversas formas de manifestação e explicitar as suas diferentes possibilidades de interpretação, uma vez que o processo de construção escolar da noção de número racional se desenvolve a partir da integração progressiva dos vários subconstrutos. Nesse sentido, o conceito é uma construção em processo, e não um alvo dado e estático, a ser necessária e explicitamente atingido. De maneira análoga, os significados das operações com os racionais se constroem a partir da discussão e da análise de uma diversidade de situações concretas nas quais se torna necessário reconhecer, comparar com o caso dos naturais e reestabelecer certas relações entre os números, abandonar outras, inferindo-se, a partir desse processo, a validade das propriedades. Então, como assinala Kline, as propriedades decorrem dos significados das operações, e não vice-versa.

Para a Matemática Científica, no entanto, todos os significados relevantes das operações estão impressos nas suas propriedades estruturais (postuladas ou deduzidas das definições formais das operações) e estas constituem os instrumentos objetivos a ser efetivamente utilizados, em detrimento das formulações menos precisas e das interpretações mais circunstanciais, próprias da Matemática Escolar. Em síntese, é como se a teoria da Matemática Científica sobre os racionais resultasse da ação de um fortíssimo compactador que condensa (e, portanto, de certa maneira, esconde) uma variedade imensa de ideias matemáticas em alguns enunciados formais - as definições e os teoremas relativos às propriedades das operações. Entretanto, é numa forma altamente descompactada, mas não necessariamente desorganizada - que encerra também um alto grau de complexidade, mas uma complexidade própria da forma escolar - que essas ideias se inserem ou se tornam operativas na prática docente na escola básica. A compactação intensa e direcionada em seus objetivos opera uma verdadeira metamorfose, de modo que o objeto de ensino escolar não pode ser identificado com uma simples parte "elementarizada" ou "didatizada" do objeto de saber científico.

O desenvolvimento e a maturação de uma concepção ampliada de número, através da progressiva integração dos subconstrutos, não se separa do trabalho pedagógico com as relações de ordem, multiplicativa, aditiva, etc., em diferentes situações. A introdução de um novo subconstruto aprofunda o processo de construção do conceito abstrato de número racional, e, ao mesmo tempo, pode desencadear um processo paralelo de reelaboração e ampliação das ideias já estabelecidas no trabalho com os outros subconstrutos. Por exemplo, a ideia de fração como expressão de uma relação parte-todo tem de ser repensada quando se trabalha com frações impróprias, no contexto de medida. Uma operação (adição ou divisão) envolvendo duas frações próprias pode resultar numa fração imprópria. A adaptação da ideia de soma iterada para o produto de racionais obriga a uma recontextualização específica da associação entre multiplicar e aumentar (ou dividir e partir em pedaços menores), válida em N^*, mas não em Q^+. Em seu famoso artigo sobre os racionais, *On the mathematical, cognitive and instructional foundations of rational numbers*, Kieren (1976) apresenta uma lista de sete subconstrutos relacionados com a noção de número racional e descreve para cada um deles uma série de atividades e de experiências que se referem aos aspectos cognitivo e didático dos processos de ensino e de aprendizagem dos racionais. Kieren propõe para o ensino uma imagem do número racional como um "conglomerado" dos diferentes subconstrutos:

> Nas sete seções anteriores deste artigo, diferentes interpretações dos números racionais foram discutidas. O fato de que os números racionais admitem essas diferentes interpretações não é novo. [...] Entretanto, a principal tese deste artigo é a de que os números racionais, do ponto de vista do ensino, devem ser considerados sob todas as formas de interpretação. Do ponto de vista do currículo, tem sido comum assumir implicitamente uma das interpretações dos racionais e desenvolver as idéias restringindo-se a essa interpretação. Isso frequentemente acarreta que algum conceito relativo aos racionais torna-se de difícil compreensão ou então que se deixe de enfatizar algum aspecto importante associado a esse conceito.
> Essa abordagem singular, que considera apenas uma interpretação, ao invés de uma abordagem multifacetada, que considera várias interpretações, também afeta a criança que está aprendendo. Uma vez que cada interpretação relaciona-se a estruturas cognitivas particulares, ignorar a idéia do conglomerado ou não identificar as estruturas particulares necessárias ao desenvolvimento do processo de ensino pode levar a uma falta de entendimento por parte da criança. [...] Sem essa visão do conglomerado, é fácil projetar um cenário didático em que estão presentes elementos contraditórios ou que não conduzem de modo adequado ao desenvolvimento de algum conceito relacionado com os racionais. Por exemplo, se interpretamos o número racional apenas como

> medida, utilizando o modelo da reta numérica, a multiplicação de racionais não é gerada de uma forma natural. O modelo da reta numérica pode entrar em conflito com um modelo de área no desenvolvimento das idéias associadas à estrutura multiplicativa (KIEREN, 1976, p. 127).*

Abordaremos, para encerrar esta seção, a questão referente às formas decimais finitas, confrontando o enfoque usual na licenciatura com as questões que se colocam para o professor na sua prática docente na escola.

O aluno, na condição de cidadão, mantém contato frequente com os decimais finitos em contextos específicos (dinheiro e algumas medidas usuais, por exemplo, 1,75 metro, 1,5 litro, etc.). Essa é, possivelmente, uma das razões que levam vários pesquisadores a considerar os decimais como um dos subconstrutos associados ao conceito de número racional, isto é, uma das formas significativas de manifestação concreta da ideia de número racional. Nesses casos, o número decimal representa sempre uma medida e é acompanhado, portanto, de uma unidade de medir. A ideia de se aproveitar os saberes e vivências dos alunos fora da escola para dar sentido e significado aos conceitos matemáticos escolares é, certamente, defensável, recomendada e frequentemente utilizada pelos professores. Entretanto, Brousseau, num artigo de 1980 em que trata do ensino dos decimais, alerta para o problema da "evaporação da unidade", associado a certas formas de abordagem dos decimais. A questão que ele levanta é a seguinte: se os decimais são vistos apenas como medidas, eles só possuem significado quando acoplados a uma unidade de medir. Isso acarreta problemas em várias situações didáticas, especialmente na discussão das operações. Por exemplo, 4 x 1,75m poderia ser interpretado como soma de quatro parcelas iguais a 1,75m, mas como se poderia produzir significado para 1,75m x 4? Brousseau relata que, ao examinar os livros-textos escolares da França percebeu o seguinte fenômeno: sem nenhuma explicação, de uma página para outra, no momento de se trabalhar as operações, o decimal deixava de se associar à unidade de medida, transformando-se, através dessa *evaporação da unidade*, em um número "puro". O resultado da operação era obtido utilizando-se um algoritmo adaptado daquele correspondente aos números naturais. Segundo o autor, essa questão está presente na tradição francesa de ensino escolar dos decimais nos anos 1960 e se mantém nos anos 1970, mesmo após a reforma. Mas observa que nos anos 1970 a "evaporação" acontece mais intensamente:

> A pura e simples omissão da unidade, sem nenhum aviso, como se fez sistematicamente depois da reforma de 1970, é francamente abusiva, mas nos anos 60 ela era produzida apenas furtivamente, uma vez que a pressão dos matemáticos para isolar os objetos sobre cujas estruturas eles teorizam ainda não era tão forte nessa época (Brousseau, 1997, p. 125).*

Não há dúvida de que, numa situação concreta, o número está inevitavelmente associado a algum tipo de unidade, referida ao contexto. No caso dos números naturais, as bases fundamentais do processo de reter o que há de comum em diferentes situações e caminhar no sentido da construção do conceito abstrato se desenvolvem, pelo menos em parte, no período pré-escolar da criança, e cabe à escola o aprofundamento desse processo. Mas, no caso dos racionais, promover esse tipo de elaboração constitui, desde o início, uma tarefa essencial da educação matemática escolar. A ideia, então, como têm sugerido os estudos sobre o assunto, é que o professor da escola trabalhe com os vários significados, em uma diversidade de contextos concretos, para que o aluno possa desenvolver gradativamente a concepção de número em sua forma abstrata. O processo didático escolar atuaria subliminarmente no sentido de promover a percepção de que as unidades concretas estão associadas a situações específicas, isto é, são circunstanciais, enquanto a expressão da medida (ou seja, o "número") refere-se a algo "comum" a todas as circunstâncias. A construção da abstração se desenvolveria como um processo gradual de *separação* e de *autonomização* desse "algo comum" em relação às unidades concretas, ou seja, um processo de reconhecimento, ainda que implícito, do sentido de se trabalhar com a ideia de unidade na forma abstrata (o número 1). Dessa maneira, o *processo*, embora proposto e orientado pelo professor, é vivenciado pelo aluno de forma intelectualmente ativa, reproduzindo-se condições semelhantes àquelas em que se desenvolve a construção da noção de número natural e sem se reduzir a uma simples exposição do aluno a um *produto* imposto pelo discurso.

De outro ponto de vista, Sowder *et al.* (1998) chamam atenção para a necessidade de discutir com os licenciandos a importância da natureza e do papel daquilo que se toma como *unidade*, ao se trabalhar com os números racionais no ambiente escolar. A capacidade de reconhecer um agregado de objetos, ou parte de um deles, como uma "nova" unidade pode ser fundamental para o tratamento matemático de uma determinada situação, para a construção de certas formas conceituais e para uma compreensão mais profunda das estruturas multiplicativas.

> [...] trabalhos recentes sobre as estruturas multiplicativas têm focalizado (1) a distinção entre o raciocínio aditivo e o raciocínio multiplicativo e (2) a progressiva evolução de situações que demandam o raciocínio aditivo, nas séries iniciais, para situações que são tratadas de modo mais adequado através do raciocínio multiplicativo, nas séries finais do Ensino Fundamental [...] A transição do raciocínio aditivo para o multiplicativo requer uma reconceptualização da noção de unidade. A multiplicação põe em cena o trabalho com unidades compostas ao invés de unidades simples, o que afeta a construção da noção de número. [...] Nossa experiência indica que poucos professores têm refletido mais profundamente sobre as implicações do papel da unidade na transição para a matemática da quinta à oitava série. No entanto, é o foco sobre o papel da unidade que permite ao estudante perceber os elementos de um conjunto na forma de agregados, um processo que amplia consideravelmente a força do seu conhecimento matemático.
>
> A centralidade do raciocínio multiplicativo para o desenvolvimento de uma compreensão conceitual de frações, decimais, razões, taxas, proporções e percentagem [...] é outro aspecto que tem sido apontado fortemente pelas pesquisas. Com elas, aprendemos que situações que envolvem multiplicação e divisão podem ser psicologicamente mais complexas do que têm sido consideradas (Sowder *et al.*, 1998, p. 128-129).*

Esses autores consideram ainda, com base em pesquisas realizadas por alguns deles e por outros pesquisadores junto a professores da escola, que "para poder elaborar questões como essas, que focalizem as estruturas multiplicativas relacionadas com o domínio dos números racionais, os professores da escola precisam refletir, eles mesmos, sobre tais questões" (Ibid, p. 147).* Entretanto, no processo de formação matemática que se desenvolve nos cursos de licenciatura, os decimais são vistos como forma de *representação* dos números e estes, por sua vez, são tratados num contexto e num nível de abstração tal que essas questões já não fazem sentido.

Outra questão geral que se coloca para o processo de formação do professor da escola básica, com manifestações específicas no caso dos decimais, refere-se ao conhecimento prévio das dificuldades e *misconceptions* dos alunos. Como comentamos no Capítulo I, muitos estudos apontam esse tipo de conhecimento como um dos elementos fundamentais do conjunto de saberes profissionais docentes. Além de ser importante no planejamento e execução do trabalho pedagógico, esse tipo de conhecimento profissional potencializa positivamente a comunicação professor-aluno e aumenta as possibilidades de compreensão, por parte do professor, das dúvidas colocadas e/ou das estratégias adotadas pelos alunos. No entanto, essa forma de saber docente não parece produzir-se automaticamente a partir da prática escolar:

> [...] pesquisas recentes mostram que há falhas na forma como os professores entendem o pensamento dos alunos em determinadas situações didáticas. Em um pequeno, porém refinado estudo das idéias dos alunos a respeito das funções, Even e Markovits (1993) relatam que os professores investigados têm uma percepção inadequada das concepções dos estudantes e as respostas desses professores às perguntas dos alunos ou são demasiado genéricas ou enfatizam exageradamente os aspectos algorítmicos, em detrimento dos significados (Stacey *et al.*, 2001, p. 207).*

Após citar outros estudos, Stacey *et al.* concluem afirmando que "essas pesquisas indicam a necessidade de que o ensino seja baseado num conhecimento acurado das dificuldades dos alunos" (Ibid, p. 207).

Também com relação a esse aspecto, a abordagem dos sistemas numéricos nas licenciaturas mostra-se, de modo geral, inadequada: além de não considerar, no desenvolvimento da formação matemática, as imagens e as concepções que os licenciandos trazem da escola para o processo de formação, também não costuma discutir as dificuldades dos alunos da escola básica com os decimais, algumas delas já extensivamente estudadas e referidas na literatura. Vejamos alguns exemplos.

Na pesquisa do CSMS, M. Brown desenvolveu a parte do trabalho referente aos decimais. O primeiro tipo de dificuldade que ela relata é o seguinte: alguns alunos tendem a ver o decimal como composto de dois números naturais separados por uma vírgula. Isso leva, por exemplo, a considerar 0,8 menor que 0,75 ou, de modo análogo, 4,9 menor que 4,90 (Brown, 1981a, p. 51). Brousseau também comenta essa questão: "com essa concepção, muitos alunos terão dificuldade de imaginar um número entre 10,849 e 10,850 " (Brousseau, 1997, p.125). Esse mesmo tipo de *misconception* se manifesta nas respostas apresentadas à seguinte questão: "*quanto resulta se somarmos 1 décimo a 2,9?*". Uma das respostas mais frequentes foi 2,10. Outras dificuldades se referem à internalização de uma regra sem a devida compreensão da lógica subjacente: ao multiplicar 5,13 por 10 alguns alunos apresentam o número 5,130 como resultado. Em entrevista, uma aluna inglesa explicou: "meu pai me ensinou que para multiplicar por 10 basta acrescentar um zero no final". Uma outra resposta apresentada para essa mesma questão (o número 50,130) configura, ao que parece, uma combinação da regra de acrescentar um zero no final com a concepção de decimal como dois inteiros separados por uma vírgula (Brown, 1981a, p. 52). Brown detecta também uma série de situações que se referem à dificuldade de reconhecer e fazer uso das "vantagens" que resultam da extensão da ideia de número às frações e aos decimais. Assim, por exemplo, ela relata a resistência a efetuar a divisão de 16 por 20 e dar como resultado um número decimal menor que 1. Alguns alunos chegam a inverter os termos da conta e dividem 20 por 16, sob a alegação de que *não é possível* dividir um número por outro maior que ele. Permanece também a ideia de que "multiplicação sempre aumenta" e "divisão sempre diminui". Reconhecer corretamente a operação a ser feita numa dada situação também oferece dificuldades especiais no caso em que, pelo menos, um dos números envolvidos é um decimal menor que 1. Numa determinada questão foram apresentadas a uma amostra de alunos de 12 a 15 anos de idade cinco situações nas quais eles deviam indicar, sempre entre seis opções oferecidas, a conta que fornece a resposta correta. Para se ter uma ideia do tipo de situações usadas na questão, citamos uma delas como exemplo: "uma mesa tem 92,3 centímetros de comprimento. Isto representa quantas polegadas, aproximadamente? (1 polegada equivale a cerca de 2,54 cm)". As alternativas apresentadas, para que os alunos escolhessem a mais adequada, foram: a) 2,54 + 92,3 b) 2,54 ÷ 92,3 c) 2,54 - 92,3 d) 92,3 ÷ 2,54 e) 92,3 - 2,54 f) 92,3 x 2,54. Dickson *et al.* (1993) comentam os resultados dessa questão:

> Brown observa que menos de 10% dos alunos de 15 anos apresentaram a resposta correta para todas as cinco situações [...] Isso sugere que o significado das operações de multiplicação e divisão no caso de decimais é muito difícil para crianças, particularmente em função de falsas generalizações que são feitas a partir de situações que envolvem números inteiros (Dickson *et al.*, 1993, p. 318).*

A própria Margaret Brown conclui o relato de sua pesquisa para o CSMS observando nas *Implicações para o Ensino*:

> Acima de tudo fica claro que a aprendizagem sobre números inteiros e decimais não é apenas uma questão de relembrar os nomes das casas decimais e algumas regras para as operações, como alguns livros parecem indicar. [...] Ao contrário, essa aprendizagem envolve a internalização de uma cadeia de relações e conexões, algumas vinculadas ao próprio sistema decimal, algumas a outros conceitos como o de fração e número racional, a certas correspondências visuais e às aplicações no mundo "real" (Brown, 1981a, p. 64, aspas no original).*

Hiebert e Wearne (1986) também descrevem e analisam dificuldades dos alunos da escola relacionadas com a aprendizagem dos decimais. A pesquisa deles utiliza várias fontes de informação sobre essas dificuldades, o que amplifica o conjunto dos dados e fortalece as conclusões. Uma das fontes consiste em um acompanhamento, durante dois anos, de cerca de 700 alunos do quarto ao nono ano nos Estados Unidos (o que corresponderia, no Brasil, da quarta série do Ensino Fundamental ao primeiro ano do Ensino Médio). Os autores descrevem e procuram explicar as origens de certas *misconceptions* de alunos da escola básica, observadas em tarefas relacionadas com os decimais. Todos os tipos de visões incorretas que citamos anteriormente a partir da pesquisa de Brown (1981a) são confirmados por Hiebert e Wearne. Uma dificuldade de caráter geral que eles notam em relação ao trabalho escolar com os decimais é a seguinte:

> Estender os conceitos relativos aos números inteiros para construir referentes que sejam apropriados aos decimais é um processo delicado. Os alunos têm que reconhecer as propriedades dos inteiros que são extensíveis aos decimais e aquelas que são específicas dos inteiros. [...] Com algumas exceções, são os elementos de ordem semântica que se generalizam para os decimais e os de natureza sintática são os que não se generalizam. O problema que se coloca para os estudantes é distinguir qual é qual (Hiebert; Wearne, 1986, p. 204).*

Prosseguem, então, apontando uma série de questões que apresentam dificuldades específicas para os alunos da escola. Uma delas refere-se à ordenação, já indicada em outras pesquisas. Como vimos, os alunos tendem a transportar a seguinte regra dos naturais para os decimais: quanto mais dígitos o número possui, maior ele é. Hiebert e Wearne pediram aos alunos que selecionassem o maior entre os decimais a) 0,09 b) 0,385 c) 0,3 d) 0,1814. As respostas corretas cresceram de um índice de 0% na quarta série a 43% no primeiro ano do Ensino Médio. A resposta mais frequente em todas as séries foi 0,1814 com uma incidência de 44% na sétima e 31% no primeiro ano (Ibid., p. 205). Alguns estudantes tendem a formular o raciocínio contrário: quanto mais casas decimais tiver o número, menor ele é. A escolha do número 0,3 como o menor na lista referida acima indica esse tipo de *misconception* (índice de 25% no primeiro ano do Ensino

Médio). Respostas dadas a outras questões, nesse mesmo estudo e em outros (p. ex., Stacey *et al.*, 2001), confirmam que esse tipo de erro está presente, de modo estável, entre as imagens dos alunos. Hiebert e Wearne tentam explicar a origem dessa estranha ideia de ordem entre os decimais:

> [...] os alunos aprendem que os dígitos mais à direita representam menos; em seguida modificam de alguma maneira essa noção e acabam desenvolvendo a idéia de que o número como um todo é pequeno, se possui muitos dígitos à direita da vírgula (Hiebert; Wearne, 1986, p. 206).*

Outra fonte de erros relaciona-se com o significado do zero na notação dos números decimais. Hiebert e Wearne confirmam os dados obtidos por Brown (1981a) com relação à aplicação da regra de acrescentar um zero no final do número para multiplicar por 10 e levantam a hipótese geral de que o zero, no registro dos decimais e nas operações com esses números, é frequentemente percebido pelos alunos como um elemento do "maquinário procedimental", ou seja, um instrumento de fazer contas, algo que, inserido nos lugares devidos, faz com que as regras funcionem. Por exemplo, ao somar (2 + 0,8), muitos alunos consideram que 2 pode ser substituído por 2,0 mas não por 2,00. Hiebert e Wearne relatam ainda que, numa entrevista, um aluno da quinta série, ao ser perguntado se 0,7 e 0,70 tinham o mesmo valor, respondeu: bem, depende do que você vai fazer com eles (Ibid., p. 208).

Com relação às operações com decimais, mais uma vez há convergência nos dados apresentados pelas diferentes fontes que Hiebert e Wearne utilizam. Esses autores comentam as falsas generalizações dos inteiros para os decimais, as dificuldades específicas de reconhecer a operação a ser feita numa dada situação envolvendo decimais e relatam o seguinte episódio: perguntou-se a alunos de 12 a 15 anos "*quanto custavam n galões de gasolina, se o preço por galão era m dólares*" e pediu-se que selecionassem, entre as opções oferecidas, a operação a ser feita para obter a resposta correta. Muitos alunos assinalaram a multiplicação quando n e m eram naturais, mas optaram pela divisão quando n e m eram decimais, com n menor que

1. Hiebert e Wearne apontam ainda outras fontes de dificuldades de alunos da escola com os decimais: efetuar contas, fazer a equivalência com as frações ordinárias e estimar ou criticar resultados na resolução de problemas.

Os números reais

Um número real é um corte de Dedekind nos racionais, isto é, um par (A,B) de subconjuntos não vazios e complementares de Q tais que A não possui um elemento máximo, todo elemento de A é cota inferior para B, e todo elemento de B é cota superior para A.

Um número real é uma classe de equivalência de sequências de Cauchy de números racionais, segundo a seguinte relação: duas sequências são equivalentes se e somente se a diferença entre elas converge para zero.

Um número real é uma classe de equivalência de intervalos racionais encaixantes,[4] segundo a seguinte relação de equivalência: $[a_n, b_n] \sim [c_n, d_n]$ se e somente se as sequências de números racionais $(a_n - c_n)$ e $(b_n - d_n)$ convergem, ambas, para zero.

Diante de três definições do mesmo objeto, cabe perguntar: afinal, o que são os números reais? São cortes de Dedekind? São classes de equivalência de sequências de Cauchy? São classes de equivalência de intervalos encaixantes?

A distinção entre essas formas de conceber os números reais não é relevante para o matemático profissional. O mesmo objeto pode ser, pelo menos, três "coisas" completamente diferentes, e não há o menor problema. A forma "matematicamente científica" de conhecer os reais é como um conjunto cujos elementos se relacionam segundo a estrutura de corpo ordenado completo. A natureza dos elementos do conjunto não importa. É a estrutura que o caracteriza como o sistema dos números reais. As três definições citadas são apenas exemplos "concretos" que garantem a existência desse tipo de estrutura. Elon

[4] Os intervalos da forma $[a_n, b_n]$ são encaixantes se $a_n \leq a_{n+1}$ e $b_n \geq b_{n+1}$ para todo n e a sequência $(b_n - a_n)$ converge para zero.

Lima comenta a apresentação dos reais que desenvolve em *Curso de Análise* (v. 1):

> Frisamos, porém, que nosso ponto de vista coincide com o exposto na p. 511 de [Spivak]:
> "É inteiramente irrelevante que um número real seja, por acaso, uma coleção de números racionais; tal fato nunca deveria entrar na demonstração de qualquer teorema importante sobre números reais. Demonstrações aceitáveis deveriam usar apenas o fato de que os números reais formam um corpo ordenado completo [...]".
> Assim, um processo qualquer de construção dos números reais a partir dos racionais é importante apenas porque prova que corpos ordenados completos existem. A partir daí, tudo que interessa é que *R* é um corpo ordenado completo.
> Uma pergunta relevante é, porém, a seguinte: ao definir o conjunto *R* dos números reais não estamos sendo ambíguos? Em outras palavras, será que existem dois corpos ordenados completos com propriedades distintas? Esta é a questão da *unicidade* de *R*. Evidentemente, num sentido exageradamente estrito, não se pode dizer que existe apenas *um* corpo ordenado completo. Se construirmos os números reais por meio de cortes de Dedekind, obtemos um corpo ordenado completo cujos elementos são coleções de números racionais. Se usamos o processo de Cantor, o corpo ordenado completo que obtemos é formado por classes de equivalência de sequências de Cauchy. São, portanto, dois corpos ordenados completos diferentes um do outro. O ponto fundamental é que eles diferem apenas pela natureza dos seus elementos, mas não pela maneira como esses elementos se comportam. Ora, já concordamos, desde o capítulo anterior, em adotar o método axiomático, segundo o qual a natureza intrínseca dos objetos matemáticos é uma matéria irrelevante, sendo o importante as relações entre esses objetos. Assim sendo, a maneira adequada de formular a questão da unicidade dos números reais é a seguinte: existem dois corpos ordenados completos não isomorfos? A resposta é negativa (Lima, 1976, p. 47-48, aspas e itálico no original).

Agora pensemos na forma como o professor de matemática do Ensino Básico precisa conhecer esse mesmo objeto. Por um lado, é fundamental conceber o número real como *número*, o que faz uma grande diferença, porque, na escola, a ideia de número já possui uma história de elaboração e reelaboração. No processo de ensino-aprendizagem escolar essa história vem se desenvolvendo a partir do trabalho com os naturais e passa pelos inteiros, pelos racionais até chegar aos reais. Ao longo dela, o aluno se vê na condição de reelaborar esquemas cognitivos para, a cada etapa, acomodar a *nova* noção de número mas esse processo de extensão se desenrola a partir de uma concepção original e nuclear – a de número natural. Em suma, para a Matemática Escolar, a ideia de número real vem estender uma noção de número que já inclui os naturais e os racionais. Assim, na escola, 1; 2; 3; 2/5; 0,25, etc. *são* números, mas corte de Dedekind e classe de equivalência de sequências ou de intervalos *não são* números.

Por outro lado, uma vez que a noção do que seja número vem sendo ampliada desde a ideia básica de número natural, o conjunto dos reais se apresenta para a comunidade escolar como uma construção cujo *sentido é o de superar determinadas limitações da noção anterior de número*. Assim, "criar" os reais a partir do nada, ou seja, postular a existência de um corpo ordenado completo e identificar o conjunto dos números reais com essa estrutura configura uma inversão de rota que entra em conflito com o processo que se desenvolve na escola. Além disso, com essa abordagem elimina-se (ou encaminha-se de forma dissonante com o tratamento escolar) a discussão a respeito de questões importantes, entre as quais, o próprio sentido da ampliação de Q. Em termos da educação matemática escolar, o conjunto dos reais compõe-se de objetos (números) que são constituídos para dar solução a problemas vistos como insuperáveis no âmbito dos números racionais. A estrutura de corpo ordenado completo é estabelecida *a posteriori*. Analogamente ao caso da extensão dos naturais para os racionais positivos, ela decorre dos significados dos novos números e da extensão, ao novo conjunto, das operações e da ordem já estabelecidas entre os racionais.

Por todas essas razões, o exame detalhado das necessidades que levam a uma nova ampliação da noção de número e a negociação de significados para os irracionais constitui elemento fundamental no processo de discussão da ideia de número real na licenciatura. Nesse sentido, a apresentação usual dos reais nesses cursos, em que se valoriza enfaticamente a ideia de estrutura abstrata, em que os números e as operações têm seus significados dados pela estrutura e esta, por sua vez, é constituída através de axiomas, configura, a nosso ver, uma forma de conhecer os reais que se desconecta das questões escolares referentes ao trabalho com esse conjunto numérico. Na sua prática docente, o professor da escola deverá ser capaz de discutir com os alunos as necessidades que levam à consideração de "números" que não são razão de inteiros. No desenvolvimento dessas discussões, o professor vai lidar com obstáculos, dificuldades e sutilezas de natureza cognitiva, epistemológica ou didático-pedagógica. Um ponto central nesse processo é a questão do significado e da representação do número irracional:

> Como seria possível passar dos racionais aos reais sem descrever o conjunto dos números irracionais? Os irracionais são parte do sistema numérico e sem eles o conceito de número real é incompleto. Basta descuidar-se dos irracionais e todo o sistema desmorona (Fishbein *et al.*, 1995, p. 30).*

Nos textos didáticos escolares, o número irracional é apresentado de duas maneiras: um número que não se pode escrever como razão de inteiros ou uma forma decimal infinita não periódica. Ora, se o universo numérico dos alunos ainda é o conjunto dos racionais, nenhuma dessas duas caracterizações tem qualquer significado. Quando não se sabe o que significa uma forma decimal infinita não periódica também não se sabe o que é número irracional e vice-versa. Do mesmo modo, se a ideia escolar de número está associada, na sua acepção mais ampla, apenas a uma razão de inteiros, os irracionais não são números já que não são razão de inteiros. Trata-se de uma situação análoga àquela de procurar no dicionário o sinônimo para uma palavra cujo significado não conhecemos e encontrar apenas duas palavras, as quais, também, não sabemos o que significam. No final, define-se o conjunto dos números reais como a união dos racionais com os irracionais. Fecha-se, assim, um ciclo de inconsistências, e não se esclarece o sentido de se conceber os irracionais como números ou o significado que possa vir a ter essa nova espécie de número.

Na abordagem usual das licenciaturas, os reais são definidos axiomaticamente e, uma vez assim estabelecidos, *prova-se* que existem reais que não são racionais. Dessa forma, os irracionais são números (reais) "porque" são supremos de subconjuntos não vazios e limitados superiormente de um corpo ordenado completo. Por outro lado, utilizando-se uma definição formal de representação decimal prova-se, *a partir dos resultados já estabelecidos no estudo das sequências e séries de números reais*, que todo número real admite uma representação decimal infinita e que a dos irracionais (i.e., reais que não são racionais) não é periódica. Estabelece-se, assim, uma espécie de legitimidade formal para que se adote nos textos escolares a apresentação usual dos irracionais e dos reais: uma vez garantido o fato de que não há nada matematicamente incorreto em se apresentar os irracionais como números que não são frações ou como decimais infinitos não periódicos, a questão pedagógica referente à introdução dos reais para alunos cujo universo numérico é o recém-construído conjunto dos racionais fica simplesmente esquecida. Desse modo, o tipo de visão que se veicula na licenciatura, além de não oferecer alternativas para o tratamento dado nos textos escolares, ainda legitima uma forma inadequada (no contexto da educação matemática escolar) de apresentação da ideia de número irracional.

Um dos elementos fundamentais do campo conceitual (Vergnaud, 1990)[5] associado à noção de número real é, certamente, a ideia de incomensurabilidade (Caraça, 1984). Vista da perspectiva escolar, a discussão da incomensurabilidade traz à tona a questão da insuficiência do conjunto dos números racionais e a necessidade de ampliar novamente a noção de número para incluir a consideração de "quantidades" que não se expressam como razão de inteiros. Conjugada a essa discussão, evidentemente faz-se necessária uma reelaboração da noção do que seja medir algo, fixada uma unidade. Por outro lado, essa elaboração mais profunda da

[5] Para a discussão dessa e de outras ideias de Vergnaud, no contexto de uma visão geral da Psicologia da Educação Matemática, ver Da Rocha Falcão (2003).

ideia de medir pode servir de base para uma abordagem que venha a tornar mais transparente e compreensível o vínculo intrínseco da irracionalidade com os processos infinitos: um número irracional, por expressar medidas de segmentos incomensuráveis com a unidade, não pode ser dado por uma fração da unidade, mas é sempre uma soma de infinitas frações. Por esse mesmo motivo, um número irracional tem a forma decimal (ou em qualquer outra base, num sistema posicional análogo) infinita e não periódica.

Ainda que não haja consenso a respeito da conveniência de se trabalhar detalhadamente com os alunos da escola básica a noção de incomensurabilidade em todos os seus aspectos, parece-nos claro que essa noção deva ser discutida na licenciatura. O fato é que o domínio dos conhecimentos envolvidos no trabalho com a ideia de incomensurabilidade e sua vinculação com o significado dos números irracionais pode ser essencial no desempenho de eventuais tarefas de avaliação, seleção, adaptação ou mesmo a construção e a implementação de possíveis propostas de abordagem escolar do tema "números reais". Essas tarefas não podem ser consideradas supérfluas ou desnecessárias dentro do trabalho docente na escola, tendo em vista que a abordagem usual do assunto nos textos didáticos escolares é problemática, como já comentamos. Por outro lado, estudos realizados no Brasil e no exterior mostram que, mesmo entre alunos universitários, inclusive estudantes do curso de Matemática, predominam ideias bastante confusas a respeito da noção de incomensurabilidade e suas relações com o significado da irracionalidade.

Fishbein *et al.* (1995) relatam uma pesquisa com alunos do Ensino Médio e com licenciandos em Matemática de Israel, na qual, entre outros itens de um questionário, constavam duas questões diretamente relacionadas com o assunto. Na primeira, perguntava-se se é sempre possível encontrar uma unidade de medida comum para dois segmentos arbitrários de tamanhos diferentes. Na segunda, se é possível encontrar uma unidade comum para o lado e a diagonal de um quadrado. Os resultados foram, em síntese, os seguintes: em turmas de cerca de 30 alunos para cada um dos três estágios pesquisados (correspondentes, no Brasil, ao primeiro e segundo anos do Ensino Médio e licenciatura), 37% dos alunos do primeiro ano, 50% dos do segundo ano e 31% dos licenciandos marcaram a resposta afirmativa na primeira questão. A resposta considerada correta (*nem sempre*) foi escolhida por 27% no primeiro ano, 28% no segundo e 38% na licenciatura, mas apenas um aluno do primeiro ano, três do segundo e três licenciandos a justificaram de forma aceitável. Para a segunda questão, a resposta considerada correta (*nunca*) foi assinalada por 30% no primeiro ano, 16% no segundo e 49% na licenciatura. Justificativas aceitáveis foram fornecidas por apenas um aluno do primeiro ano, um do segundo e por todos os que marcaram a resposta certa na licenciatura. Os pesquisadores concluem que

> [...] ideia de incomensurabilidade, mesmo quando referida especificamente ao caso do lado e diagonal do quadrado, permanece confusa para a grande maioria dos alunos do Ensino Médio e para a metade dos licenciandos da amostra (Fishbein *et al.*, 1995, p. 40).*

No Brasil, Soares *et al.* (1999) aplicaram um questionário a 84 alunos do segundo, quarto e sétimo períodos dos cursos de licenciatura e bacharelado em Matemática da UFMG e da Universidade Federal de Santa Catarina (UFSC), numa pesquisa em que se procurava conhecer as concepções dos alunos a respeito de conceitos associados ao sistema dos números reais. Algumas perguntas referiam-se à noção de incomensurabilidade e à sua associação com o significado dos irracionais. Comentaremos os resultados de três delas: as questões 3 e 4, que foram apresentadas a todos os alunos da amostra, e a questão 11, respondida por 38 deles. Os enunciados foram os seguintes:

> Questão 3: O que leva você a acreditar na existência de números irracionais?
> Questão 4: Você quebra uma barra de chocolate em dois pedaços, ao acaso. É sempre possível exprimir a razão entre os "tamanhos" desses dois pedaços (as áreas deles, por exemplo) por um número racional?
> Questão 11: Considere quatro retângulos cujas dimensões x e y em cm são dadas por:

a) x =15; y = 35 b) x = 1,5; y = 3,5 c) x = 15 cc ; y = 35 cc d) x = 15 cc; y = 35

Quais desses retângulos podem ser divididos em um número inteiro de quadrados iguais, traçando retas horizontais e verticais? (Ver figura abaixo.)

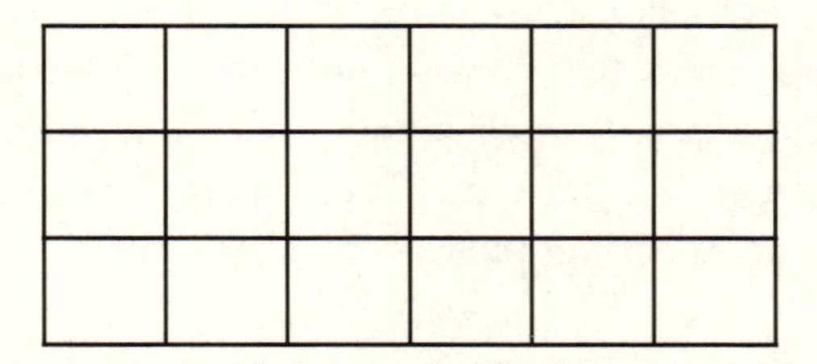

Os autores observam que a questão 3 visava complementar a questão anterior do questionário, em que se perguntava: "para você, o que é um número irracional?". A expectativa era a de que muitos responderiam esta última apresentando as definições escolares ("número que não se escreve como fração" ou "decimal infinito não periódico"). A questão 3 procurava prosseguir o diálogo implícito, como se dissesse: "mas, existe número que não é razão de inteiro?" Ou então: "existe número que possui representação decimal infinita e não periódica?". A questão 4 visava verificar quão frequentemente a possibilidade da incomensurabilidade é considerada pelos alunos da amostra. E a questão 11 pretendia avaliar se o aluno associa a irracionalidade da razão dos lados do retângulo com a impossibilidade de encontrar uma medida comum, isto é, com a incomensurabilidade deles.

Das 84 respostas apresentadas à questão 3, quinze foram consideradas satisfatórias. Isso significa que mais de 80% da amostra não conseguiu elaborar um argumento que mostrasse que os racionais não nos bastam. Na questão 4, quase 65% dos alunos responderam não, mas somente em dois casos essa resposta foi acompanhada de uma explicação satisfatória. Em muitas explicações dizia-se que "um dos pedaços pode ter área irracional e, neste caso, a razão de suas áreas é irracional". Na questão 11, sete alunos (menos de 20% da amostra) responderam corretamente. Mas *nenhum* deles explicou porque no caso d) não se poderia subdividir o retângulo em quadrados iguais. Os autores comentam os resultados dessa questão:

> No caso a) eles [os sete alunos que responderam corretamente] acharam o máximo divisor comum de 15 e 35. Dividindo esse inteiro por 10 e multiplicando o resultado por $\sqrt{2}$ obtiveram as respostas para os casos b) e c). Como isso não funciona em d), eles podem ter concluído que nesse caso a subdivisão é impossível, sem considerar a incomensurabilidade entre a base e a altura do retângulo dado (Soares *et al.*, 1999, p. 110).

No geral, os autores concluem que

> [...] o contraste racionalidade versus irracionalidade parece ser percebido pelos alunos como pura formalidade [...]. O significado da incomensurabilidade de dois segmentos, o sentido e a necessidade dos irracionais passa ao largo de quase todas as respostas (Ibid., p. 115).

Antonio Miguel, em sua tese de doutorado, desenvolve três estudos sobre História e Educação Matemática, e no terceiro aborda o tema "números irracionais" (Miguel, 1993). Esse estudo, qualificado como histórico-pedagógico-temático, pretendia ilustrar as possibilidades do uso pedagógico da História da Matemática através da descrição, análise e fundamentação de uma proposta de tratamento escolar do assunto.[6] Entre outros elementos que constituem o referido estudo, uma sequência de atividades – dirigida ao trabalho com alunos da oitava série do Ensino Fundamental – é cuidadosamente planejada com o objetivo de não apenas "provocar" um eventual reconhecimento da possibilidade de que dois segmentos sejam incomensuráveis mas também desenvolver uma percepção do sentido e da necessidade de uma ampliação do campo numérico racional. A formulação dessa sequência de atividades se fundamenta em uma escolha entre as diferentes versões históricas da descoberta da incomensurabilidade e de uma adaptação pedagógica do processo segundo o qual se teria chegado a essa descoberta. Assim, procura-se evitar que a informação de que os racionais não medem todos os

[6] Para uma discussão mais ampla das relações entre História e Educação Matemática ver Miguel; Miorim (2004).

comprimentos – que já não é algo naturalmente conjecturável – venha a "cair" sobre os estudantes como uma *fatalidade* que resulte apenas da impotência deles diante de uma argumentação lógica inquestionável. Após descrever e dar os fundamentos para o uso de certas atividades no estudo (relacionadas com uma prova "construtiva" do teorema de Pitágoras e com o algoritmo euclidiano da divisão), o autor comenta a estratégia didático-pedagógica adotada, baseada no desenvolvimento de uma provocação que leve o estudante a considerar a possibilidade da incomensurabilidade de segmentos:

> O estudante, porém, até o momento, desconhece a existência de magnitudes incomensuráveis, e o propósito da atividade 14 é o de não apenas fazer com que ele tenha a possibilidade de aplicar o método das subtrações sucessivas geométrica e aritmeticamente a segmentos que são comensuráveis, como também o de sondar como o aluno se comporta diante da aplicação desse método a magnitudes incomensuráveis [...]. A reação prevista do aluno nesta atividade de aplicação e de sondagem é que o fenômeno da incomensurabilidade, apesar da provocação, lhe passe despercebido [...]
> O objetivo do texto 8 da p. 31 do EHPO [*Estudo Histórico-Pedagógico Orientado, esclarecimento nosso*] é o de provocar uma nova dissonância necessária para "transportar" o "ghost" [...] do campo de invisibilidade para o campo semântico, isto é, ao plano da consciência. [...] Mas não basta contrariar o senso comum. É preciso também "mostrar" que a negação faz sentido. Mas esse "mostrar", que implica um "convencer", não poderia recorrer a procedimentos dedutivos abstratos muito sofisticados que nem estavam disponíveis no conjunto de conhecimentos matemáticos da época e nem teriam o poder de persuasão necessário para desafiar o senso comum. [...] O poder da vista deveria ser destruído com algo visível. Aí reside a força da "prova" de Hipasus. [...] Daí a possibilidade do seu aproveitamento didático na atualidade. A atividade 16 do estudo histórico-pedagógico-operacionalizado tem por objetivo fazer com que o estudante, através da aplicação do método das subtrações sucessivas à rede de pentágonos e pentagramas, chegue à conclusão, de uma forma provavelmente análoga àquela empregada por Hipasus, da possibilidade de existência de segmentos incomensuráveis. A atividade 15, que

> a antecede, procura simplesmente preparar o terreno para isso [...] (Miguel, 1993, p. 223-226, aspas no original).

Em síntese, o que essa proposta de Miguel e as considerações sobre as concepções e as imagens dos estudantes a respeito da ideia de incomensurabilidade nos mostram é que o tratamento escolar do assunto é delicado. Com base nas dificuldades observadas entre os universitários, podemos projetar as dos alunos da escola fundamental e inferir a necessidade do desenvolvimento de alternativas para a abordagem escolar. Nesse sentido, observa-se a conveniência de uma discussão mais específica e aprofundada desse tema no processo de formação matemática do licenciando. Entretanto, a noção de incomensurabilidade não costuma ser detalhada e sistematicamente discutida nos cursos de licenciatura. Isso pode ser inferido da análise dos textos que são usualmente utilizados como referência básica nesses cursos.

No livro *Análise I* (Figueiredo, 1975), referência bibliográfica muito frequente para a disciplina Análise Real nos cursos de licenciatura, o único comentário a respeito da noção de incomensurabilidade é feito na p. 4, seção 1.2, que tem o título *Números Racionais*. Após anunciar as propriedades que caracterizam a estrutura *corpo* e afirmar que "é imediato verificar que *Q* é um corpo", o texto se refere à disposição dos racionais na reta. São fixados arbitrariamente dois pontos na reta (correspondentes aos números 0 e 1) e prossegue-se da seguinte maneira:

> Os inteiros são marcados, facilmente, se usarmos o segmento de extremidades 0 e 1 como unidade. Os racionais são obtidos por subdivisão adequada do segmento unidade. Se imaginarmos os números racionais marcados sobre a reta, veremos que eles formam um subconjunto da reta que é *denso* no sentido que esclarecemos a seguir.
> Dado um ponto qualquer da reta, poderemos obter racionais tão perto dele quanto se queira; basta tomar subdivisões cada vez mais finas da unidade. Pode parecer, pois, que os racionais cobrem a reta R, isto é, a cada ponto de R corresponde um racional. Que isso não é verdade já era conhecido pelos matemáticos da

> Escola Pitagórica. Sabiam eles que a hipotenusa de um triângulo retângulo isósceles não é comensurável com os catetos, isto é, se os catetos têm comprimento igual a 1, então a hipotenusa não é racional. Portanto, o ponto P da reta R, obtido traçando-se a circunferência centrada em 0 e raio igual à hipotenusa, não corresponde a um racional (Figueiredo, 1975, p. 4. Itálico no original, grifo nosso).

Em seguida, apresenta-se a demonstração clássica de que a hipotenusa do triângulo retângulo de catetos unitários não tem medida racional (isto é, que o número ccc não é racional) e encerra-se a seção com a seguinte consideração:

> O fato acima demonstrado de que existem pontos de R que não correspondem a elementos de *Q* indica uma deficiência dos racionais. Procederemos agora no sentido de obter um conjunto numérico mais amplo que o dos racionais e cujos elementos estejam em correspondência biunívoca com os pontos de R. (Dois conjuntos A e B estão em correspondência biunívoca, se a cada elemento de A corresponde um e somente um elemento de B e vice-versa.) O conjunto que vai resolver essa questão é o corpo dos números reais (Ibid., p. 5).

Na sequência, define-se corpo ordenado e supremo de um subconjunto de um corpo ordenado. O conjunto dos números reais é definido como (qualquer) corpo ordenado completo e não se retorna mais à questão da incomensurabilidade. Num outro livro que costuma ser adotado na disciplina de Análise nas licenciaturas (Lima, 1989), simplesmente não há qualquer referência à noção de incomensurabilidade. A nosso ver, essa pouca (ou nenhuma) atenção à discussão da incomensurabilidade se deve ao fato de que, ao se definir o conjunto dos números reais de forma axiomática, essa discussão perde sentido. Nessa abordagem, os irracionais não são os (novos) entes que serão acrescentados aos (conhecidos) racionais para a obtenção dos reais. Eles são simplesmente os reais que não são racionais. A existência de tais entes em *R* fica assegurada porque o conjunto dos racionais não é completo e o dos reais é.

Discutiremos a seguir a questão da representação decimal dos reais e, em particular, das formas decimais não periódicas que representam os irracionais. De certo ponto de vista, tudo se reduz primariamente a uma compreensão do sistema decimal de registro dos números naturais. A forma decimal de números não inteiros não passa de uma extensão dessa ideia básica. Da perspectiva da Matemática Acadêmica essa extensão parece muito simples, mas a questão mostra-se problemática e de difícil tratamento no processo de educação matemática escolar. Como comentamos no Capítulo II, os decimais desempenham, até certo estágio da aprendizagem escolar, uma função ambígua, porém pedagogicamente importante: eles podem ser utilizados em certas circunstâncias para ajudar na construção da noção abstrata de número, quando se consideram certos decimais finitos como um *subconstruto* associado ao conceito de número racional; em outras situações podem ser vistos como uma forma de representação do número, isto é, como uma das maneiras de se *registrar* os números racionais ou reais, supondo-se sabido *o que é* número racional ou real; ou, ainda, podem ser identificados com a própria noção de número, no caso em que se *conceituam* os irracionais como os decimais infinitos não periódicos. Para alguém que já domine as ideias envolvidas nesses processos de abstração, o uso das formas decimais em diferentes situações e com sentidos específicos em cada caso se faz de modo imperceptível e constitui muito mais uma solução do que um problema. Mas, do ponto de vista da formação do professor da escola básica é fundamental que essa mistura de sentidos e significados – crucial nos processos de formação e ampliação do conceito abstrato de número – seja explicitada, discutida e analisada criticamente para que possa ser usada de maneira criteriosa pelo professor e não se transmute de auxílio em obstáculo para o processo de aprendizagem dos alunos. No caso dos decimais finitos, vimos, na seção anterior, como certas concepções e generalizações inadequadas podem conduzir a erros e dificuldades de aprendizagem. Quando consideradas no contexto dos irracionais, acentuam-se ao extremo essas dificuldades dos alunos porque eles se veem diante do problema de conciliar a ideia de número com as formas decimais que representam os irracionais. Essa situação envolve um conflito porque a noção de número que os alunos vêm construindo e ampliando gradativamente ao longo de toda a vivência escolar aplica-se a quantidades finitas e bem determinadas, mas é exatamente essa condição fundamental que lhes parece estar ausente nas formas decimais infinitas, especialmente as não periódicas. Tall (1994) comenta:

> [...] decimais infinitos são frequentemente vistos pelos alunos como *impróprios*, no sentido em que "continuam indefinidamente" e não especificam *exatamente* o valor limite. A notação $\sqrt{2} = 1{,}414...$ significa apenas que "a raiz quadrada de 2 pode ser calculada com quantas casas decimais se quiser e, com três casas é 1,414. Isso *não* significa que o decimal infinito seja o limite da sequência de aproximações decimais finitas. As experiências dos estudantes com os números, na escola fundamental, se desenvolvem em torno da idéia de *aproximações* e não da de precisão. O conflito entre o desejo abstrato pela precisão e as questões práticas ligadas à aritmética leva a conflitos sutis na mente dos alunos (Tall, 1994, p.1-2, itálicos e aspas no original, grifo nosso).*

No caso das dízimas periódicas, há sempre a alternativa de entendê-las e operar com elas a partir das respectivas frações geratrizes, mas os decimais não periódicos são intrinsecamente misteriosos para os alunos porque, ao que lhes parece, esses "números" não têm uma origem (não resultam da divisão de dois "números", por exemplo), não têm um fim (a representação decimal não "termina") nem uma finalidade (não se sabe bem a que servem).

A identificação da representação decimal com o resultado de uma "divisão continuada" é uma das formas eficientes de atribuição da qualidade de "número" às dízimas periódicas. Quando vistos como resultado de uma divisão que se prolonga indefinidamente, na qual se percebe claramente que nunca aparecerá um resto zero, esses decimais são aceitos como números porque já se parte da fração para se obter a dízima, ou seja, esta última já se apresenta ao aluno antecipadamente como número. Outros tipos de referência também contribuem para a aceitação de certas formas decimais infinitas como números. O $\sqrt{2}$, por exemplo, é visto como número, mesmo que possua uma representação decimal infinita não periódica, porque já tem um significado que independe de sua forma decimal: ele é o "número" que, elevado ao quadrado, dá como resultado o 2. Por outra via, o fato de $\sqrt{2}$ ser a medida do comprimento da diagonal do quadrado de lado 1, também garante, de certa forma, o seu estatuto de número. Entretanto, quando retirada desse contexto – em que a condição de número já está garantida por outros mecanismos – a forma decimal infinita pode se associar a tudo que é anômalo ou misterioso. Pesquisas mostram que, embora os alunos tenham a tendência de acatar os decimais infinitos como números, frequentemente se sentem inseguros ao responder perguntas que "desnaturalizam" essa atitude e penetram de alguma forma nos significados desses decimais.

Sierspinska (1987) relata uma experiência de pesquisa com alunos da área de ciências humanas num liceu de Varsóvia. Um pequeno grupo de alunos foi incumbido de preparar uma aula sobre um determinado assunto, a ser apresentada para seus colegas. Quatro sessões de encontros da pesquisadora com o grupo foram realizadas. Na primeira, ela forneceu informações sobre o tema a ser abordado, na segunda e na terceira desenvolveram-se discussões visando a preparação da aula, e na quarta aconteceu efetivamente a aula preparada. No primeiro encontro, entre outras questões discutidas, haviam sido mostradas aos alunos duas formas de justificar a igualdade 0,999... = 1. No segundo encontro, foram retomados alguns exercícios envolvendo a representação decimal infinita, entre eles, a igualdade citada acima e a seguinte pergunta: "*É possível representar o número 123,12345678910111213.... por uma fração?*" A autora relata que os estudantes tendiam a classificar esse último decimal como um terceiro tipo de número, que não seria nem racional nem irracional (Sierspinska, 1987, p. 378).[7]

No caso da igualdade 0,999... = 1 Sierspinska descreve as reações dos estudantes às demonstrações apresentadas, reações que vão

[7] É interessante observar que Fishbein *et al.* (1995, p. 34-35) relatam a classificação, por alunos do Ensino Médio de Israel, do decimal 34,272727... como racional e irracional ao mesmo tempo.

desde a recusa tanto do resultado como da prova, até a aceitação da prova e recusa do resultado ("*o resultado é verdadeiro matematicamente, mas não logicamente*"). Apenas um aluno, do grupo de seis participantes das discussões, aceitou, sem restrições, tanto a prova como o resultado.

Soares *et al.* (1999) colocaram diretamente a 36 alunos dos cursos de licenciatura e bacharelado em Matemática da UFMG e da UFSC a seguinte pergunta (compare com a questão posta por Sierpinska): "*Seja* α *= 0,12345678910111213.... (as próximas casas decimais continuam a sequência dos naturais). Pergunta-se:* α *é um número? Explique sua resposta*" (Soares *et al.*, 1999, p. 106). Embora quase todos os alunos da amostra tenham respondido afirmativamente, *nenhuma* explicação continha, segundo os autores, uma interpretação consistente desse decimal como expressão de "quantidade" ou de um ponto na reta, por exemplo. Algumas das explicações dadas são citadas no artigo:

> α é um número, pois é uma sequência numérica
> α é um número, pois é formado por casas decimais que são algarismos
> α é um número racional pois é uma dízima periódica e poderá ser representado na forma de fração (Ibid., p.106-107).

Nessa mesma pesquisa, duas outras questões referem-se às formas decimais infinitas. Trata-se das questões 8 e 9 do Questionário B, cujos enunciados são:

> Questão 8: Considere os números $x_1 = 0,3$ $x_2 = 0,33$ $x_3 = 0,333$ $x_4 = 0,3333$ e assim sucessivamente, isto é, se n é um número natural, x_n é o número decimal da forma 0,333...3 com as n primeiras casas depois da vírgula iguais a 3 e as outras todas iguais a 0. Existe um número natural n muito grande, para o qual $x_n = 1/3$?
> Questão 9: Considere um ponto C, escolhido arbitrariamente no interior de um segmento AB. Comece dividindo o segmento AB em 10 partes iguais. Depois, divida cada uma das

> 10 partes em 10 partes iguais. Continue o processo. Será que depois de um número finito de etapas desse processo (talvez um número muito grande), o ponto C vai coincidir necessariamente com um dos pontos de subdivisão?

A questão 8 procurou detectar em que medida ocorre, no caso da representação decimal, a identificação de um processo infinito com aquele que se completa em "um número muito grande" de etapas. A questão 9 é uma "versão geométrica" da questão 8. Pedia-se apenas uma resposta simples (sim, não ou não sei) sem a necessidade de explicações. De 48 alunos, menos de 40% responderam consistentemente *não* para as duas questões, enquanto outros 40% apresentaram o entendimento de que, pelo menos em uma das duas situações, o processo se esgota para um valor finito. Isso mostra que há dificuldades enormes com a ideia de representação decimal infinita entre os próprios licenciandos.

Monaghan (2001), num artigo em que comenta as percepções do infinito em jovens estudantes pré-universitários, observa que a ideia de infinito possui duas faces que são intrinsecamente contraditórias e complementares: o infinito como processo e o infinito como objeto. O autor afirma que, embora o infinito também apareça como objeto, paralelamente à ideia de processo, esta última é predominante na percepção dos alunos. Monaghan relata que, para muitos deles, os decimais infinitos são "números infinitos" e o que está presente nessa forma de percepção é a ideia de que a representação por infinitos dígitos induz o aluno a identificar o número com uma "quantidade" infinitamente grande. Ele diz:

> A força cognitiva do "infinito como processo" é, a meu ver, a razão por trás disso. Em Monaghan (1986) as entrevistas mostraram, repetidamente, estudantes descrevendo os decimais infinitos como incompletos, como entidades dinâmicas que eram qualitativamente diferentes dos decimais finitos.
> "Eu não sei sobre o que estou falando ou com que números estou lidando quando digo 0,333.... [...] $\frac{1}{3}$ é um número específico, mas 0,333... não é um número específico. Poderia ser qualquer número" (Monaghan, 1986, p. 249).

> "Bem, um número que não termina, você não pode definir como um número" (Ibid., p. 250).
>
> "Você não vai saber onde parar de colocar os 1's, vai? 0,111.... ainda não é uma resposta definida, é? Não é como se dissesse 5. Você sabe o que 5 é" (Ibid., p. 246).
> (Monaghan, 2001, p. 248-249, aspas no original).*

Monaghan cita uma pesquisa de Vinner e Kidron, realizada em 1985, em que se examina como os alunos do Ensino Médio de Israel entendem os decimais infinitos. "Somente quatro, em 91 alunos do segundo ano e 32, de um total de 97 alunos do terceiro ano sabiam da existência de decimais infinitos não periódicos" (Monaghan, 2001, p. 249).* Em outros estudos, nos quais se pede para classificar certos números como racionais ou irracionais, é comum a identificação das dízimas periódicas com os irracionais (Igliori; Silva, 1998; Fishbein *et al.*, 1995, Monaghan, 2001). Nesses casos, como os decimais já foram dados como números, o que parece ocorrer é que os alunos tendem a classificar como irracional todas as formas que carregam algum tipo de "anomalia". Fishbein *et al.* (1995) comentam que "um número negativo é intuitivamente inaceitável, então é associado com irracionalidade. Uma infinidade de casas decimais significa algo que nunca atinge efetivamente um valor e isso é facilmente associado à irracionalidade" (p. 35). Veja-se também Igliori; Silva (1998, p.18) e Soares *et al.* (1999, p. 115).

Como se vê, as dificuldades envolvidas nos fatos básicos e fundamentais a respeito dos irracionais são muitas e de natureza diversificada. Afinal, que número poderia ser representado por uma forma decimal não periódica se é impossível identificar os dígitos da própria representação? Se o aluno é levado a identificar a representação com o número, quando aquela não se pode expressar, este não está bem determinado, não é "um valor exato" e, consequentemente, não se trata de um "número".

Por outro lado, os decimais infinitos não periódicos são complicados também porque representam uma soma formada de infinitas parcelas. A concepção corrente de somar é a que envolve apenas um número finito de parcelas, e o resultado é obtido quando nós somamos essas parcelas, uma a uma, até chegar ao fim do processo. É claro que isso não faz nenhum sentido para a soma de infinitas parcelas. É preciso que se venha a conceber o que seja o fim de um processo que, em última instância, não tem fim. É preciso conceber a soma de infinitas parcelas como um *objeto* e abandonar, pelo menos provisoriamente, a percepção dela como um *processo*. Quando se interpreta o conjunto dos reais como pontos da reta orientada, desenvolvendo-se uma representação geométrica para eles, pode-se mostrar que qualquer forma decimal infinita, além de se traduzir numa soma de infinitas parcelas, representa um único ponto da reta e, portanto, um número real. Uma argumentação geométrica, fundada numa percepção da reta como "contínua", sem "falhas", pode ser desenvolvida para se argumentar convincentemente, mas a noção de limite permanece subliminar. Enfim, parece não ser possível associar, consistentemente, um sentido numérico para os decimais infinitos não periódicos (e, portanto, para os irracionais) sem enfrentar o desafio de atribuir sentido a certos processos que se reproduzem indefinidamente, ou seja, que "não têm fim".

Os Parâmetros Curriculares Nacionais (Brasil, 1998) recomendam que, ao concluir o Ensino Fundamental, o estudante seja capaz de reconhecer a forma decimal dos irracionais, o que pressupõe a atribuição, na escola, de um significado aos decimais infinitos não periódicos. Isso, por sua vez, implica alguma forma de discussão escolar de processos infinitos, seja no contexto aritmético de uma soma de infinitas parcelas, seja numa formulação geométrica, em que se associa a forma decimal a um ponto da reta (e, portanto, ao comprimento de um segmento). O que se conclui é que, de um modo ou de outro, o futuro professor vai lidar com o problema de construir significados para as formas decimais infinitas ao apresentar a ideia de número real na escola básica. Nesse caso, dada a reconhecida sofisticação das ideias envolvidas, especialmente quando se trata de trabalhá-las com alunos da sétima ou oitava série do Ensino Fundamental, o professor precisa ter acesso a formas de elaboração do conhecimento matemático que viabilizem o cumprimento de tarefas extremamente delicadas, tais como:

- decidir sobre que tipos de ideias ou conceitos matemáticos seria essencial discutir nesse estágio de elaboração da noção de número real;
- uma vez decidida a discussão de um determinado conceito ou ideia, que abordagem adotar, que noções e conceitos associados explorar, de que exemplos dispor e em que conhecimentos anteriores se apoiar para ilustrar a ideia em discussão ou facilitar a sua compreensão ou, ainda, promover a construção do conceito por parte do aluno;
- identificar quais argumentos seriam genuinamente convincentes e adaptáveis ao estágio de desenvolvimento intelectual e cognitivo dos alunos;
- refletir sobre os tipos de preconcepções dos alunos que favorecem ou se apresentam como obstáculos para a construção dos conceitos a serem tratados;
- analisar quais deficiências podem ser identificadas na forma como o assunto é desenvolvido no livro-texto adotado e decidir o que fazer, no trabalho em sala de aula, para superar as deficiências reconhecidas no texto, etc.

Todos esses pontos se referem a análises e decisões que cabem essencialmente ao professor no exercício de sua prática pedagógica em sala de aula e que são especialmente difíceis, quando o tema inclui as formas decimais infinitas e a apresentação dos números reais na escola. A nosso ver, é na situação em que mais necessita que o professor do Ensino Básico menos encontra as pesquisas, estudos e propostas de que possa lançar mão para experimentar, criticar, refletir, reformular, adaptar e eventualmente criar formas de abordagem que se ajustem às necessidades e às condições de sua prática docente. A literatura nacional e internacional do campo da educação matemática é, até onde pudemos constatar, relativamente escassa, no que se refere ao trabalho *escolar* com as formas decimais infinitas e mesmo, mais geralmente, no que concerne ao ensino e à aprendizagem dos números irracionais e reais *na escola básica*.

A abordagem usual na licenciatura, por outro lado, se reduz à demonstração formal da correspondência entre números reais e formas decimais, à prova de que a representação dos racionais é finita ou periódica e de que, consequentemente, a dos irracionais é infinita e não periódica. Nessas demonstrações, além das definições formais de limite de sequência e de forma decimal, utiliza-se um conjunto de resultados e conceitos relacionados com a estrutura de corpo ordenado completo. São pressupostas também certas propriedades topológicas decorrentes dessa estrutura, as quais garantem a existência de alguns limites que são cruciais no processo. Mas esse tratamento apenas institui uma correspondência formal entre o decimal infinito e o limite de uma certa série convergente. Conclui-se que o significado da forma decimal infinita identifica-se com o de um limite cuja existência é garantida indiretamente por resultados derivados de uma estrutura que é atribuída, por definição, ao conjunto dos números reais. A situação do licenciando diante desse processo pode ser sintetizada da seguinte maneira: não sabia o que era uma forma decimal infinita não periódica e continua não sabendo. Para a Matemática Acadêmica, no entanto, tudo está resolvido: a forma decimal infinita pode ser vista como uma representação do número real dado pelo limite de uma determinada série, limite esse que, *em consequência das propriedades dos números reais*, existe e é único. Nota-se claramente que qualquer tentativa de tradução, adaptação, reformulação ou complementação dessa forma de conhecimento sobre os decimais infinitos para uso no contexto escolar do Ensino Fundamental configura uma tarefa extremamente difícil, mesmo para professores experientes.

Se, por um lado, a abordagem escolar do assunto favorece a formação de concepções inadequadas, imagens conceituais precárias, limitadas e inconsistentes, por outro, o enfoque formal dedutivo da licenciatura, partindo da definição axiomática dos reais, pouco ou nada contribui para a superação ou a reelaboração dessas imagens e concepções. Assim, o que parece ocorrer, na melhor das hipóteses, é que o licenciado volta à escola, na condição de professor, de posse de um conhecimento sobre os números irracionais e reais profundamente distanciado das formas (e inadequado às condições) em que poderia ser utilizado na sua prática pedagógica escolar.

Síntese

Observamos que o estudo do conjunto dos números naturais, dos racionais e dos reais normalmente desenvolvido nos cursos de licenciatura em Matemática não contempla uma série de questões que se associam ao tratamento escolar do tema. Para cada um dos conjuntos numéricos estudados, pudemos apresentar exemplos concretos de questões que se colocam para o professor na sua prática pedagógica na escola, mas que, no processo de formação, ou são ignoradas ou abordadas através de uma ótica por demais distanciada do trabalho docente escolar. A lista de questões levantadas e analisadas é numerosa, mas o traço comum e persistente é o abandono sistemático, no processo de formação, das questões que se referem à prática docente escolar, em favor de uma centralização do foco sobre questões que, muitas vezes, são relevantes apenas do ponto de vista da Matemática Acadêmica.

Considerações finais

O processo de formação na licenciatura em Matemática pode se articular com a prática docente escolar de diferentes formas e em diversos sentidos. Quando termina o processo de formação inicial, o licenciado volta à escola na condição de professor, de posse de conhecimentos, crenças e concepções que constituem saberes e não saberes *novos* em relação aos que possuía quando completou a escolarização básica. Os saberes e não saberes são novos porque os anteriores foram examinados, reformulados, ampliados, revalorizados, criticados, reelaborados, transformados, substituídos e, talvez, até esquecidos ou abandonados ao longo do processo de formação. Em princípio, a inserção do licenciado na atividade profissional docente – subjetividades que se situam diante das condições objetivas da prática – pode se dar, num extremo, *contra* esses novos saberes, em intenso conflito com eles ou, no outro extremo, de forma inteiramente harmonizada, uma passagem contínua e suave da formação à prática. Nesse sentido, a formação *sempre* se articula com a prática e, no limite, até mesmo uma imensa lacuna entre os dois processos pode ser vista como uma forma de articulação. É claro que nenhuma das duas formas extremas (e improváveis) é desejável. A primeira por razões óbvias, e a segunda, porque desejá-la pressupõe uma aceitação incondicional dos valores, das condições de exercício, dos processos e dos resultados da prática docente escolar, nos termos em que ela efetivamente se realiza. Essa aceitação parece estar longe de um consenso, no cenário atual. Assim, é possivelmente em alguma região intermediária do espectro delimitado pelos dois extremos mencionados que se situam, de fato, as conexões e desconexões entre os conhecimentos matemáticos veiculados na licenciatura e aqueles associados à prática docente na escola básica. Este livro pretendeu contribuir para situar mais precisamente essa região e compreender mais profundamente as desconexões existentes.

Temos dito que desconexões são formas de articulação. Frequentemente os licenciados se veem diante do problema de desenvolver sua ação pedagógica em sala de aula a partir de uma formação que não lhes proporcionou acesso à discussão de uma série de questões fundamentais na prática escolar. Nessas condições, qualquer solução que se adote incorporará, de alguma forma, essa falha de formação, ainda que ela não implique necessariamente uma dificuldade incontornável. O problema é que, ao não se discutir essas questões na licenciatura, interrompe-se um fluxo de saberes que, tendo sua origem no estudo de dificuldades associadas ao exercício da própria prática docente escolar, a ela retornaria através do processo de preparação profissional para essa prática. A interrupção desse fluxo acaba aprofundando o fosso entre duas instâncias importantes de formação docente: a licenciatura e a prática na escola. Por outro lado, uma apresentação do conhecimento matemático absolutizado em sua forma compacta, abstrata e formal – que contrastamos com as formas do saber escolar no Capítulo III – pode reforçar certos tipos de dificuldades que o professor vai eventualmente encontrar em sua prática efetiva. A principal delas, a nosso ver, é a dificuldade de identificar e reconhecer como legítimas e importantes certas formas de conhecimento que, embora se distanciem das formas válidas da Matemática Científica, são cruciais na educação básica porque se vinculam ao processo de construção escolar do saber matemático. A hipervalorização da Matemática Acadêmica no processo de formação estimula o desenvolvimento de concepções e valores distanciados da prática e da cultura escolar, podendo dificultar a comunicação do professor com os alunos e a própria gestão da matéria em sala de aula.

Uma síntese bastante compacta do livro poderia ser enunciada nos seguintes termos: entre as várias formas de desconexão do processo de formação em relação à prática, uma específica refere-se ao distanciamento existente entre os conhecimentos matemáticos trabalhados na licenciatura e as questões que se apresentam ao professor na sua ação pedagógica. A explicitação da característica geral dessa forma específica de (des)articulação formação-prática constitui a principal tese do livro: *a formação matemática na licenciatura, ao adotar a perspectiva e os valores da Matemática Acadêmica, desconsidera importantes questões da prática docente escolar que não se ajustam a essa perspectiva e a esses valores. As formas do conhecimento matemático associado ao tratamento escolar dessas questões não se identificam – algumas vezes chegam a se opor – à forma com que se estrutura o conhecimento matemático no processo de formação. Diante disso, coloca-se claramente a necessidade de um redimensionamento da formação matemática na licenciatura, de modo a equacionar melhor os papéis da Matemática Científica e da Matemática Escolar nesse processo.*

Algumas direções segundo as quais se poderia encaminhar concretamente tal equacionamento foram apontadas neste livro. Outros estudos e pesquisas poderão indicar novas possibilidades.

Referências

BAROODY, A. *Children's Mathematical Thinking*. New York: Teachers College Press, 1987.

BEHR, M.; LESH, R.; POST, T.; SILVER, E. Rational-Number Concepts. In: LESH, R.; LANDAU, M. (Eds.). *Acquisition of Mathematical Concepts and Processes*. Orlando: Academic Press, p. 91-126, 1983.

BIRKHOFF, G.; MACLANE, S. *Álgebra Moderna Básica*. Rio de Janeiro: Guanabara 2, 1980.

BRASIL. Ministério da Educação. Secretaria de Educação Fundamental. *Parâmetros Curriculares Nacionais*: Terceiro e Quarto Ciclos do Ensino Fundamental, Matemática. Brasília, 1998.

BROMME, R. Beyond subject matter: a psychological topology of teacher's professional knowledge. In: BIEHLER, R.; SCHOLZ, R.; STRÄSSER, R.; WINKELMANN, B. (Eds.). *Didactics of Mathematics as a scientific discipline*. Dordrecht: Kluwer, 1994. p. 73-88.

BROUSSEAU, G. *The theory of didactical situations in mathematics*. Editado e traduzido para o inglês por Balacheff, N.; Cooper, M.; Sutherland, R.; Warfield, V. London: Kluwer, 1997.

BROWN, M. Place Value and Decimals. In: HART, K. (Ed.) *Children's Understanding of Mathematics*: 11-16. London: John Murray, 1981a. p. 48-65.

BROWN, M. Number Operations. In: HART, K. (Ed.) *Children's Understanding of Mathematics*: 11-16. London: John Murray, 1981b. p. 23-47.

BROWN, V. Third graders explore multiplication. In: SCHIFTER, D. (Ed.) *What's happening in math class?* Envisioning new practices through teacher narratives. New

York: Teachers College Press, 1996. p. 18-24.

CARAÇA, B. J. *Conceitos fundamentais da Matemática*. Lisboa: Sá da Costa, 1984.

CARPENTER, T.P.; MOSER, J.M. The Acquisition of Addition and Subtraction Concepts. In: LESH, R.; LANDAU, M. (Eds.) *Acquisition of Mathematical Concepts and Processes*. Orlando: Academic Press, 1983. p. 7-44.

CHERVEL, A. História das disciplinas escolares: reflexões sobre um campo de pesquisa. *Teoria & Educação*, n. 2, p. 177-229, 1990.

CHEVALLARD, Y. *La Transposición Didáctica*: del saber sabio al saber enseñado. Buenos Aires: Aique, 1991.

COURANT, R.; ROBBINS, H. *Que es la matemática?* Madrid: Aguilar, 1994.

CURY, H.N. Retrospectiva histórica e perspectivas atuais da análise de erros em Educação Matemática. *Zetetiké*, v. 3, n. 4, p. 39-50, 1995.

DICKSON, L.; BROWN, M.; GIBSON, O. *Children Learning Mathematics*: A teachers guide to recent research. London: Schools Council Publications, 1993.

DIEUDONNÉ, J. *A formação da matemática contemporânea*. Lisboa: Dom Quixote, 1990.

DINIZ-PEREIRA, J. E. *Formação de professores*: pesquisas, representações e poder. Belo Horizonte: Autêntica, 2000.

DOUEK, N. Argumentative aspects of proving: analysis of some undergraduate mathematics students' performances. In: INTERNATIONAL CONFERENCE OF PME 23, 1999, Haifa, Israel. *Proceedings...* v. 2, p. 273-280, 1999.

DA ROCHA FALCÃO, J. T. *Psicologia da educação matemática*: uma introdução. Belo Horizonte: Autêntica, 2003.

FIGUEIREDO, D.G. *Análise I*. Rio de Janeiro: LTC/UnB, 1975.

FIORENTINI, D.; MIORIM, M.A. (Orgs.). *Por trás da porta, que matemática acontece?* Campinas: Unicamp, 2001.

FIORENTINI, D.; JIMENEZ, A. (Orgs.). *Histórias de aulas de matemática*: compartilhando saberes profissionais. Campinas: CEMPEM, 2003.

FISHBEIN, E.; JEHIAM, R.; COHEN, D. The concept of irrational numbers in high-school students and prospective teachers. *Educational Studies in Mathematics*, 29, 1995. p. 29-44.

GAUTHIER, C.; MARTINEAU, S.; DESBIENS, J.F.; MALO, A.; SIMARD, D. *Por uma teoria da pedagogia*: pesquisas contemporâneas sobre o saber docente. Ijuí: Unijuí, 1998.

GOODSON, I. F. *Currículo*: Teoria e História. Petrópolis: Vozes, 1998.

GRAEBER, A. O. Mathematics and the reality of the student: bringing the two together. In: DAVIS, R.B.; MAHER, C.A. (Eds.) *Schools, Mathematics and the world of reality*. Boston: Allin and Bacon, 1993. p. 213-236.

GREER, B. Multiplication and division as models of situations. In: GROWS, D. (Ed.) *Handbook of research on mathematics teaching and learning*. New York: MacMillan, 1992. p. 276-295.

HART, K. Fractions. In: Hart, K. (Ed.). *Children's Understanding of Mathematics*: 11-16. London: John Murray, 1981.

HERSTEIN, I. N. *Tópicos de Álgebra*. São Paulo: Edusp/Polígono, 1970.

HIEBERT, J.; WEARNE, D. Procedures over concepts: the acquisition of decimal number knowledge. In: HIEBERT, J. (Ed.). *Conceptual and procedural knowledge*: the case of mathematics. Hillsdale, NJ: Lawrence Erlbaum, 1986. p. 199-223.

IGLIORI, S.; SILVA, B. Conhecimento de concepções prévias dos estudantes sobre números reais: um suporte para a melhoria do ensino aprendizagem. In: XXII REUNIÃO ANUAL DA ANPED, 22, 1998, Caxambu, MG. *Anais*...Rio de Janeiro: Anped, GD19, CD-ROM, 1998.

KIEREN T. E. On the mathematical, cognitive, and instructional foundations of rational numbers. In: LESH, R. (Ed.). *Number and measurement*: papers from a research workshop. Columbus, Ohio: Eric/Smeac, 1976. p. 101-144.

KLINE, M. *Why Johnny can't add*: the failure of the new math. New York: Random House , 1974.

KNIGHT, F. B. Some considerations of method. In: WHIPPLE, G.M. (Ed.). *The Twenty-Ninth Yearbook of the National Society For The Study Of Education*. Illinois: Public School Publishing, 1930. p. 145-267.

LANDAU, E. *Foundations of Analysis*: The arithmetic of whole, rational, irrational and complex numbers. New York: Chelsea Publishing Company , 1951.

LEINHARDT, G. Math lessons: a constrast of novice and expert competence. *Journal for Research in Mathematics Education*, 20 (1), p. 52-75, 1989.

LIMA, E. L. *Curso de Análise*. v. 1. Rio de Janeiro: IMPA/CNPq, 1976.

LIMA, E. L. *Análise Real*. Rio de Janeiro: IMPA/CNPq, 1989.

LLINARES, S. Conocimiento profesional del profesor de matemáticas y procesos de formación. *Uno. Revista de Didáctica de las Matemáticas*, n. 17, p. 51-63, 1998.

MIGUEL, A. *Três estudos sobre História e Educação Matemática*. Tese (Doutorado em Educação). Faculdade de Educação, Unicamp, Campinas, 1993.

MIGUEL, A.; MIORIM, A. *História na Educação Matemática: propostas e desafios*. Belo Horizonte: Autêntica, 2004.

MONAGHAN, J. Young peoples' ideas of infinity. *Educational Studies in Mathematics*, 48, p. 239-257, 2001.

MOREIRA, P. C. *O conhecimento matemático do professor: formação na licenciatura e prática docente na escola básica*. Tese (Doutorado em Educação). Faculdade de Educação, UFMG, Belo Horizonte, 2004.

MOREN, E. B. S.; DAVID, M. M. M. S.; MACHADO, M. P. L. Diagnóstico e análise de erros em matemática: subsídios para o processo de ensino/aprendizagem. *Cadernos de Pesquisa*, n. 83, p. 43-51, 1992.

MONTEIRO, L. H. J. *Elementos de Álgebra*. Rio de Janeiro: Ao Livro Técnico, 1969.

PAIS, L. C. *Didática da Matemática*: uma análise da influência francesa. Belo Horizonte: Autêntica, 2001.

RADATZ, H. Students' errors in the mathematical learning process: a survey. *For the Learning of Mathematics*, v.1, n.1, p. 16-20, 1980.

SCHÖN, D. *The reflective practitioner*. New York: Basic Books, 1983.

SFARD, A. On the dual nature of mathematical conceptions: reflections on processes and objects as different sides of the same coin. *Educational Studies in Mathematics*, 22 (1), p. 1-36, 1991.

SHULMAN, L. S. Knowledge and teaching: foundations of the new reform. *Harvard Educational Review*, v. 57, n. 1, p. 1-22, 1987.

SIERPINSKA, A. Humanities students and epistemological obstacles related to limits. *Educational Studies in Mathematics*, n. 18, p. 371-397, 1987.

SIMON, M. Beyond inductive and deductive reasoning: the search for a sense of knowing. *Educational Studies in Mathematics*, n. 30, p. 197-210, 1996.

SOARES, E.F.; FERREIRA, M.C.C.; MOREIRA, P.C. Números reais: concepções de licenciandos e formação matemática na licenciatura. *Zetetiké*, v. 7, n. 12, p. 95-117, 1999.

SOWDER, J.; ARMSTRONG, B.; LAMON, S.; SIMON, M.; SOWDER, L.; THOMPSON, A. Educating teachers to teach multiplicative structures in the middle grades. *Journal of Mathematics Teacher Education*, 1, p. 127-155, 1998.

STACEY, K.; HELME, S.; STEINLE, V.; BATURO, A.; IRWIN, K.; BANA, J. Preservice teachers' knowledge of difficulties in decimal numeration. *Journal of Mathematics Teacher Education*, 4, p. 205-225, 2001.

TALL, D. The transition to advanced mathematical thinking: functions, limits, infinity and proof. In: GROWS, D. (Ed.). *Handbook of Research on Mathematics Teaching and Learning*. New York: MacMillan, 1992. p. 495-511.

TALL, D. Cognitive difficulties in learning analysis. In: BARNARD, A. (Ed.). *Report on the teaching of Analysis for the Talum Committee*. England: University of Warwick, 1994. p. 1-6.

TALL, D.; VINNER, S. Concept image and concept definition with particular reference to limits and continuity. *Educational Studies in Mathematics*, v. 12, n. 2, p. 151-169, 1981.

TARDIF, M. Ambiguidade do saber docente. In: TARDIF, M. *Saberes docentes e formação profissional*. Petrópolis: Vozes, 2002. p. 277-303.

TARDIF, M.; LESSARD, C.; LAHAYE, L. Os professores face ao saber: esboço de uma problemática do saber docente. *Teoria & Educação*, n. 4, p. 215-233, 1991.

VERGNAUD, G. La theorie des champs conceptuels. *Recherches en Didactique des Mathématiques*, v. 10, n. 2/3, p. 137-170, 1990.

VINNER, S. The role of definitions in the teaching and learning of mathematics. In: TALL, D. (Ed.). *Advanced Mathematical Thinking*. Dordrecht: Kluwer, 1991. p. 65-81.

WHITE, A. J. *Análise real*: uma introdução. São Paulo: Edgard Blucher/Edusp, 1973.

Outros títulos da coleção

Tendências em Educação Matemática

- **Afeto em competições matemáticas inclusivas: a relação dos jovens e suas famílias com a resolução de problemas**
  Autoras: *Nélia Amado, Rosa Tomás Ferreira e Susana Carreira*
- **Álgebra para a formação do professor: explorando os conceitos de equação e de função**
  Autores: *Alessandro Jacques Ribeiro e Helena Noronha Cury*
- **A matemática nos anos iniciais do ensino fundamental: tecendo fios do ensinar e do aprender**
  Autoras: *Adair Mendes Nacarato, Brenda Leme da Silva Mengali e Cármen Lúcia Brancaglion Passos*
- **Análise de erros: o que podemos aprender com as respostas dos alunos**
  Autora: *Helena Noronha Cury*
- **Aprendizagem em Geometria na educação básica: a fotografia e a escrita na sala de aula**
  Autores: *Adair Mendes Nacarato e Cleane Aparecida dos Santos*
- **Brincar e jogar: enlaces teóricos e metodológicos no campo da Educação Matemática**
  Autor: *Cristiano Alberto Muniz*
- **Da etnomatemática a arte-design e matrizes cíclicas**
  Autor: *Paulus Gerdes*
- **Descobrindo a Geometria Fractal: para a sala de aula**
  Autor: *Ruy Madsen Barbosa*
- **Diálogo e aprendizagem em Educação Matemática**
  Autores: *Helle Alrø e Ole Skovsmose*
- **Didática da Matemática: uma análise da influência francesa**
  Autor: *Luiz Carlos Pais*
- **Educação a Distância online**
  Autores: *Ana Paula dos Santos Malheiros, Marcelo de Carvalho Borba e Rúbia Barcelos Amaral*

- **Educação Estatística: teoria e prática em ambientes de modelagem matemática**
  Autores: *Celso Ribeiro Campos, Maria Lúcia Lorenzetti Wodewotzki e Otávio Roberto Jacobini*
- **Educação matemática de jovens e adultos: especificidades, desafios e contribuições**
  Autora: *Maria da Conceição F. R. Fonseca*
- **Educação matemática e educação especial: diálogos e contribuições**
  Autores: *Ana Lúcia Manrique e Elton de Andrade Viana*
- **Etnomatemática: elo entre as tradições e a modernidade**
  Autor: *Ubiratan D'Ambrosio*
- **Etnomatemática em movimento**
  Autoras: *Claudia Glavam Duarte, Fernanda Wanderer, Gelsa Knijnik e Ieda Maria Giongo*
- **Fases das tecnologias digitais em Educação Matemática: sala de aula e internet em movimento**
  Autores: *George Gadanidis, Marcelo de Carvalho Borba e Ricardo Scucuglia Rodrigues da Silva*
- **Filosofia da Educação Matemática**
  Autores: *Antonio Vicente Marafioti Garnica e Maria Aparecida Viggiani Bicudo*
- **História na Educação Matemática: propostas e desafios**
  Autores: *Antonio Miguel e Maria Ângela Miorim*
- **Informática e Educação Matemática**
  Autores: *Marcelo de Carvalho Borba e Miriam Godoy Penteado*
- **Interdisciplinaridade e aprendizagem da Matemática em sala de aula**
  Autores: *Maria Manuela M. S. David e Vanessa Sena Tomaz*
- **Investigações matemáticas na sala de aula**
  Autores: *Hélia Oliveira, Joana Brocardo e João Pedro da Ponte*
- **Lógica e linguagem cotidiana: verdade, coerência, comunicação, argumentação**
  Autores: *Marisa Ortegoza da Cunha e Nílson José Machado*
- **Matemática e Arte**
  Autor: *Dirceu Zaleski Filho*

- **Modelagem em Educação Matemática**
  Autores: *Ademir Donizeti Caldeira, Ana Paula dos Santos Malheiros e João Frederico da Costa de Azevedo Meyer*

- **O uso da calculadora nos anos iniciais do ensino fundamental**
  Autoras: *Ana Coelho Vieira Selva e Rute Elizabete de Souza Borba*

- **Pesquisa em ensino e sala de aula: diferentes vozes em uma investigação**
  Autores: *Helber Rangel Formiga Leite de Almeida, Marcelo de Carvalho Borba e Telma Aparecida de Souza Gracias*

- **Pesquisa Qualitativa em Educação Matemática**
  Organizadores: *Jussara de Loiola Araújo e Marcelo de Carvalho Borba*

- **Psicologia na Educação Matemática**
  Autor: *Jorge Tarcísio da Rocha Falcão*

- **Relações de gênero, Educação Matemática e discurso: enunciados sobre mulheres, homens e matemática**
  Autoras: *Maria Celeste Reis Fernandes de Souza e Maria da Conceição F. R. Fonseca*

- **Tendências internacionais em formação de professores de Matemática**
  Organizador: *Marcelo de Carvalho Borba*

Este livro foi composto com tipografia Minion Pro e
impresso em papel Off-White 70 g/m² na Formato Artes Gráficas.